AF461089

MÉMOIRE

SUR LE

MODE DE FORMATION DES CONES VOLCANIQUES ET DES CRATÈRES.

AVIS. — Cet ouvrage étant destiné à une distribution gratuite parmi les connaissances de l'auteur et du traducteur, n'est point dans le commerce.

Paris. — Imprimerie de MALLET-BACHELIER, rue du Jardinet, 12.

ERUPTION OF VESUVIUS
as seen from Naples,
October, 1822

ERUPTION DU VESUVE
Vue de Naples,
Octobre [illegible]

MÉMOIRE

SUR LE

MODE DE FORMATION DES CONES VOLCANIQUES
ET DES CRATÈRES,

PAR

G. POULETT SCROPE,

MEMBRE DU PARLEMENT, DE LA SOCIÉTÉ ROYALE, DE LA SOCIÉTÉ GÉOLOGIQUE
DE LONDRES, ETC., ETC.

Extrait du **Quarterly Journal of the geological society**,
pour novembre 1859.

Traduit de l'anglais sous la surveillance de l'auteur

PAR ENDYMION PIERAGGI,

et augmenté de plusieurs nouvelles planches et d'additions importantes.

JUILLET 1860.

PARIS,

MALLET-BACHELIER, IMPRIMEUR-LIBRAIRE,

DE L'ÉCOLE IMPÉRIALE POLYTECHNIQUE, DU BUREAU DES LONGITUDES,

Quai des Augustins, 55.

1860

MÉMOIRE

SUR LE

MODE DE FORMATION DES CONES VOLCANIQUES ET DES CRATÈRES.

FORMATION DES CONES VOLCANIQUES.

I. Dans un mémoire lu devant la Société, en avril 1856, j'ai appelé l'attention sur ce sujet (1). J'aurais cru inutile d'y revenir, si, dans la première partie du IVe volume du *Cosmos* (dont une traduction vient d'être publiée par les soins de M. le général Sabine), le baron de Humboldt, cet illustre savant, en traitant fort au long de l'action volcanique et de l'origine des cônes volcaniques, n'avait donné, sans restriction, l'appui de son autorité à la théorie du soulèvement, en opposition à celle des éruptions.

C'est là une théorie, qu'avec Sir Charles Lyell, M. Constant Prévost, et beaucoup d'autres, je considère non-seulement comme erronée, mais encore comme empêchant totalement de comprendre le rôle qu'a réellement joué l'action volcanique dans l'arrangement et la structure superficielle de la terre.

Je crois que ma dernière observation se trouvera justifiée dans l'opinion de toute personne qui parcourra avec attention l'ouvrage du baron de Humboldt, et essayera de se faire une idée nette et définie de la manière dont l'auteur conçoit l'action volcanique dans la formation des cônes ou des cratères, et dans

(1) Quart. journ. Géol. soc., vol. XII, page 326.

la disposition des courants de lave et des amas fragmentaires produits par les éruptions dans des circonstances souvent variées. — Quelles montagnes volcaniques, ou même quelles portions d'entre elles seraient, selon lui, le produit de l'éruption et de l'accumulation, et quelles seraient le produit d'un simple soulèvement mécanique en masse de couches préexistantes. Le sujet tout entier est rendu confus, j'oserai même dire inintelligible, par l'adhésion de l'auteur à la théorie du soulèvement, théorie énoncée dogmatiquement, pour la première fois, par M. Léopold Von Buch, et plus tard appuyée des arguments les plus compliqués, mais à mes yeux les moins concluants, de MM. Élie de Beaumont et Dufrénoy.

Or, quoique l'étude de l'action volcanique soit une branche de la géologie qui n'a pas encore attiré une grande attention en Angleterre, cependant, tout le monde, après réflexion, admettra que, de toutes les forces de la nature mises en jeu à la surface du globe, le volcan est de beaucoup la plus frappante dans ses phénomènes, et celle qui démontre de la manière la plus directe et la plus caractéristique, le mode d'action (encore si peu connu) de ces agents souterrains qui ont incontestablement modifié de temps à autre, et même probablement élaboré en grande partie la croûte de notre globe.

Il ne peut donc être que de la plus haute importance pour les progrès de la science, de se former des notions exactes et correctes sur ce sujet, et si des opinions erronées ont été en quelque sorte imposées, de les dévoiler et de les réfuter entièrement.

Il est vrai que l'argument concluant, quoique succinct, contre la théorie du soulèvement, exposé dans les dernières éditions des Principes et du Manuel de Sir Charles Lyell, ainsi que le mémoire qu'il a tout récemment lu devant la Société royale, et imprimé dans les *Transactions philosophiques*, en opposition aux observations inexactes de M. Élie de Beaumont à propos des courants de lave de l'Etna; il est vrai, dis-je, que de telles réponses peuvent être considérées comme rendant tout autre argument superflu. Cependant, je ferai observer que cette doctrine, comme beaucoup d'autres doctrines erronées, une fois promulguée par une puissante autorité, ne se renverse pas d'un seul coup. Plus d'un nouveau Traité élémentaire de géologie (1) met en avant la théorie du soulèvement comme la véritable explication de l'action volcanique. Notre illustre confrère, le docteur Daubeny, adopte ce système d'une manière assez étendue dans la dernière édition de son traité sur les volcans, et n'a pas encore changé d'opinion que je sache. Le professeur James Forbes y prête aussi son appui : La majorité des écoles du continent continuent à l'enseigner comme un système qui n'admet pas de contradiction. Il est vraiment décourageant de voir avec quel succès une théorie fautive de cette nature peut être émise, avec quelle étendue et quelle soumission on la laisse se propager sous la protection de deux ou trois noms célèbres, s'implanter alors comme un dogme dans tous les traités populaires, et avec quelle difficulté la réfutation en peut être admise.

Dans le cas qui nous occupe, j'ai moi-même à reproduire des arguments que j'ai présentés à la Société, il y a trente ans, sur le même sujet, et vu la circonstance, je pense que l'on ne regrettera pas l'attention que je réclame, si j'ajoute aujourd'hui quelques nouvelles considérations à l'encontre de ce que l'on ne peut encore regarder comme une hypothèse abandonnée.

Je ne ferai que rappeler, sans les reproduire, les habiles arguments que nous connaissons tous par les publications de Sir Charles Lyell, et j'essayerai de les renforcer par d'autres raisons tirées de mes observations personnelles.

II. Mais d'abord il convient nettement de poser le vrai point en litige.

En commun avec le monde non initié à la science, et formant leurs jugements d'après les caractères ordinaires des phénomènes volcaniques, tous les premiers géologues qui ont fait

(1) Par exemple : *Géographie physique* de Keith Johnston; la *Géologie* de Lardner; la *Géologie élémentaire* du professeur Ansted, etc., etc.

une étude spéciale des volcans, tels que Saussure, Spallanzani, Sir William Hamilton, Dolomieu, Breislak, etc , s'accoutumèrent à considérer une montagne volcanique comme le produit de l'accumulation, au-dessus et autour d'un soupirail d'éruption, de la matière fragmentaire et des laves qui s'en échappaient. Là où une seule éruption avait eu lieu, le résultat leur en paraissait être une colline conique composée de scories, de fragments de roches ou autres débris épars, généralement avec un cratère au sommet et un seul courant de lave. Cette lave s'écoulant du sommet ou du flanc, ou même du bas de la colline, s'étendait sur les surfaces adjacentes en nappe ou en coulée, dont les dimensions étaient proportionnées à sa quantité et à sa fluidité, et modifiées par les différents niveaux des terrains parcourus. Lorsque des éruptions réitérées s'échappaient du même soupirail, on supposait naturellement que le produit serait un cône proportionnellement plus grand et plus élevé; une montagne volcanique enfin, composée, comme du reste l'observation nous l'a fait voir, de couches irrégulièrement alternées de débris fragmentaires et de laves ayant à l'extérieur une pente rayonnant de tous côtés à partir du centre culminant du volcan, où le soupirail était généralement marqué par un cratère.

Aussi pour n'en citer qu'un exemple (1) Spallanzani affirme que l'île de Saline, l'une des îles Lipari, est composée de couches alternées, de laves et de scories, l'une au-dessus de l'autre, descendant du bord du cratère à la mer qui l'environne, et il ajoute :

« On doit en conclure qu'il est sorti autant d'éruptions des « points les plus élevés de la montagne que l'on compte de « couches de lave..... *Voilà comment se sont formées la plupart « des montagnes volcaniques*. Dans le principe, ce n'est que « *l'amoncellement* d'une première éruption; il en survient une

(1) Spallanzani, *Voyage dans les Deux-Siciles*, vol. II, p. 116. Trad. de Toscan et Duval, an IV.

« seconde, puis une troisième, et la masse va toujours en « augmentant en raison du nombre et du volume des éruptions. « Tel on a vu se former, s'accroître et s'étendre l'immense « colosse de l'Etna, telle a été l'origine du Vésuve, des îles « Lipari et d'autres montagnes ignivomes, sans oublier cependant qu'il en existe, comme le Monte-Nuovo et le Monte-« Rosso, sur les flancs de l'Etna, qui furent l'ouvrage d'une « seule éruption. »

III. A cette théorie si simple et si sensée sur le mode de formation des montagnes volcaniques (théorie que, je crois à peine nécessaire de le dire, j'ai adoptée et appuyée dans mes Considérations sur les volcans, publiées en 1827) certains géologues plus récents, principalement dans les écoles du continent, ont substitué une théorie qui attribue l'existence de toutes, ou du moins de presque toutes les montagnes volcaniques, au soulèvement, subit et d'un seul coup, d'une étendue quelconque de couches horizontales, préexistantes, de lave et autres produits volcaniques, en forme de cône creux ou de dôme, enflé comme une vessie par l'expansion soudaine d'un grand volume de vapeur souterraine. Et alors on suppose que cette bulle ou vessie a crevé par le sommet toutes les fois que l'on y trouve un cratère. Pour éviter toute erreur d'interprétation je citerai la définition qu'en donne le baron de Humboldt, le dernier partisan, et aussi je crois le premier inventeur de cette théorie. Voici ce qu'il dit dans le volume le plus récent de son *Cosmos* (1).

« L'action volcanique agit en donnant au sol, par le soulè-« vement, une forme et une configuration nouvelle; elle n'agit « pas, ainsi qu'on l'a cru longtemps d'une manière trop exclu-« sive, *comme force constructrice, en accumulant les scories et « les couches de lave.* La résistance que les masses incandes-« centes, se pressant en trop grande quantité contre la surface « de la terre, rencontrent dans le canal d'éruption, ajoute à la

(1) Première partie, p. 256-257. Trad. de Galuski, 1859.

« puissance du soulèvement. *Le sol alors se gonfle comme une* « *vessie,* ainsi que l'indique l'inclinaison régulière des couches « *soulevées* du dedans au dehors. *Une explosion semblable à celle* « *d'une mine,* en faisant sauter la partie moyenne et culminante « de ce gonflement ne produit parfois que ce que M. de Buch a « nommé un cratère de soulèvement..... Parfois l'explosion fait « sortir du milieu du cratère une montagne en forme de cône « ou de dôme, et c'est alors seulement que le relief du volcan « est complet. Le plus souvent le faîte de la montagne est ou- « vert, » etc.

IV. Le premier germe de cette théorie se trouve, je crois, dans la description, par le même M. de Humboldt, du volcan de Jorullo, au Mexique, dans son grand ouvrage sur la Nouvelle-Espagne (1). Dans son Atlas géographique, édition de 1814, il en donne aussi des vues et des plans. C'est la grande éruption de 1759, qui, d'après lui, occasionna le soulèvement subit d'une plaine tout unie jusque-là, en une énorme convexité creuse, en forme de vessie. Du milieu de cette convexité ou plaine bombée, appelée dans le pays *Malpais,* s'élèvent six grandes collines coniques, couvertes ou plutôt composées de cendres volcaniques. De ces six collines, la plus grande, qui est le Jorullo proprement dit, *possède un cratère,* ainsi qu'un massif promontoire de lave basaltique, tombant en cascade, pour ainsi dire, du cratère ébréché à un point assez élevé des flancs du cône.

La surface de la plaine convexe était aussi couverte de milliers de monticules de moins de dix pieds de haut, qui, à l'époque de la visite de M. de Humboldt, en 1780, vingt ans après l'éruption, fumaient encore, et pour cela étaient appelés *hornitos,* ou fours, par les habitants du pays. Ces monticules semblaient se composer, extérieurement du moins, d'une argile noire durcie, ou basalte décomposé terreux (car M. de Humboldt ne semble pas trop savoir quel nom lui donner), d'une structure

(1) *Essai politique sur la Nouvelle-Espagne,* 1811 (vol. I, p. 251).

Fig. 1. Vue du Jorullo et du Malpais (d'après M. de Humboldt).

Fig. 2. Section des mêmes.

Fig. 3. Plan des mêmes.

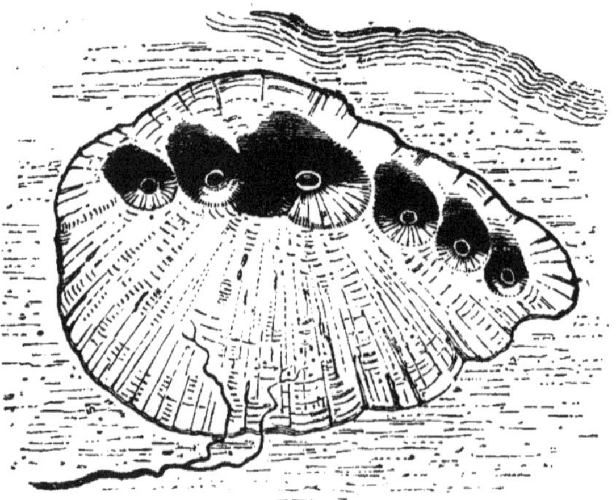

en concrétions globulaires à feuilles concentriques; et ces petites protubérances aussi bien que les grandes collines coniques, et toute la convexité du Malpais, sont envisagées comme autant de vessies creuses et gonflées (Voir *fig.* 1, 2, 3). Ces apparences ainsi expliquées, il les appelle avec raison, dans son dernier volume du Cosmos, « le plus grand, et depuis mon voyage en « Amérique, le plus célèbre phénomène de soulèvement volca- « nique. » Je crois que c'est là aussi la première annonce faite au monde d'un tel phénomène, à l'exception de celui indiqué dans les Métamorphoses d'Ovide, qui rapporte vaguement une tradition, plus ou moins fabuleuse sans doute, de quelque chose d'analogue arrivé à Méthone en Grèce, exemple auquel M. de Humboldt ne se lasse jamais de recourir comme à une sérieuse autorité (1).

V. Lorsqu'il y a plusieurs années, je m'occupais de mon ouvrage sur les volcans, publié en 1826, je fus si frappé de la divergence de la théorie de M. de Humboldt sur l'éruption du Jorullo avec les lois normales de l'action volcanique, telles que je les connaissais d'après mes propres observations ou les relations d'autres observateurs dignes de foi, que je fus amené à faire un sérieux examen des faits et traditions concernant cet événement. Et dans l'appendice de cet ouvrage, je prouvai d'une manière détaillée, et, j'ose le croire, concluante, que cette théorie ne reposait sur aucun de ces témoignages, les faits ou les traditions; qu'au contraire, la relation des phénomènes qui accompagnèrent l'éruption telle que nous l'a donnée M. de Humboldt lui-même, d'après des témoins oculaires, et les résultats qu'il a observés et décrits, sont parfaitement conformes au cours habituel d'une éruption ordinaire, comme on le voit par d'innombrables exemples dans d'autres parties du monde. J'ai conclu que les six collines coniques ne sont que des cônes de scories, produits ordinaires des éruptions, de cendres et au-

(1) Extentam tumefecit humum, ceu spiritus oris
Tendere vesicam solet. Ovide, *Métam.* XV.

tres matières fragmentaires, dont de prodigieuses quantités, d'après tous les rapports, ont été vomies de ces différents points de la plaine primitive, dès le commencement de l'éruption et pendant plusieurs mois après; enfin, que la convexité du Malpais entourant ces cônes, n'est, comme tous les autres Malpais de l'Amérique espagnole, autre chose que la surface d'une couche épaisse de lave basaltique, qui, dans un état de liquéfaction imparfaite, s'étant écoulée de ces six soupiraux en grande abondance sur une plaine unie, s'est naturellement accumulée autour de la base des cônes, sa plus grande hauteur au-dessus de la plaine primitive n'étant que de 157 mètres, l'épaisseur de quelques courants de lave en Islande. Ceci se voit parfaitement au pied du principal cône de Jorullo, du sommet duquel descend, dans la direction du Malpais, une masse de lave d'un grain grossier affectant la forme d'un énorme promontoire. C'est par là que M. de Humboldt arriva au cratère.

Enfin j'ai démontré que ces *hornitos*, si mystérieux mais en réalité si insignifiants (et qui, si l'on en croit MM. Bullock et Burkart, ont dû bientôt disparaître sous l'influence dégradante du climat), n'étaient que les aspérités superficielles de la coulée de lave, soulevées par des échappements locaux, et recouvertes d'une croûte de boue noire provenant du mélange des cendres volcaniques avec la pluie, que l'on dit être tombée en abondance pendant et après l'éruption.

Dans cette couche superficielle de boue, les vapeurs chaudes qui s'en échappaient auront donné aux molécules cette disposition en concrétions globulaires à lamelles concentriques, telle qu'on la rencontre souvent dans le wacke ou cendre volcanique, déposé en des circonstances pareilles. Cette croûte était même si fragile que M. de Humboldt dit que les pieds des mules passaient à travers.

De tout cela, j'ai conclu qu'il était tout à fait inutile, pour expliquer les résultats visibles de l'éruption du Jorullo en 1759, de supposer un mode d'action volcanique tout nouveau et sans précédent, tel que le serait le gonflement souterrain et subit de couches stratifiées horizontales, en une énorme vessie creuse, de quelques lieues carrées d'étendue, avec d'autres bulles, aussi creuses, grandes et petites, éparpillées à la surface.

Il y avait trop de présomption, peut-être, à croire qu'aucun argument émanant de moi, écrivain alors inconnu (il y a plus de trente ans) aurait pu triompher d'une autorité aussi grande et aussi justement vénérée que celle de M. de Humboldt, surtout par rapport à une localité qu'il avait pour ainsi dire découverte, et que je n'avais, moi, jamais visitée. Aussi ne faut-il pas s'étonner que cette théorie du gonflement soudain de collines volcaniques en vessies, présentée aux géologues dans cet exemple typique du Jorullo comme un fait observé, ait été appliquée par d'autres auteurs que M. de Humboldt à bien d'autres formations volcaniques. Je dirai même que c'est de cette hypothèse que découla naturellement la théorie des cratères de soulèvement (*Erhebungskrater*) émise peu de temps après par le compatriote et le correspondant de M. de Humboldt, Léopold de Buch.

La croûte voûtée du Malpais est, cela va sans dire, un cône volcanique d'une hauteur incomplète, auquel il ne manque, dans l'imagination de ces auteurs, qu'un peu plus de soulèvement pour devenir un Etna, un Chimborazo ou un Elburz. Quoi qu'il en soit, je suis tellement convaincu que les idées de M. de Humboldt sont complétement erronées sur le mode de formation de la plaine bombée du Jorullo, que je baserais volontiers sur ce seul cas, toute controverse entre les deux théories rivales du soulèvement et de l'éruption (1). Je m'interromps un instant pour citer, comme un exemple semblable à celui du Jorullo, tendant à confirmer son caractère tout à fait

(1) Le Jorullo a été récemment visité, à la prière de M. de Humboldt, par M. de Saussure, et j'apprends de Sir Charles Lyell que ce dernier géologue lui avait affirmé que sa conviction était que le soulèvement n'était pour rien dans la formation du Jorullo, mais qu'un torrent de lave avait coulé du cratère et inondé la plaine. Sans aucun doute M. de Saussure ne tardera pas à publier ses observations en détail.

normal et ordinaire, le résultat d'une grande éruption du volcan d'Awatscha, au Kamschatka, en juillet 1827, visité par MM. Portel et Lenz l'année suivante. Ces voyageurs affirment qu'un vaste torrent de lave trachytique descendit du bord du grand cratère de la montagne, sur le flanc de laquelle cette lave forme aujourd'hui une saillie escarpée, ressemblant évidemment au promontoire de lave sur les flancs du Jorullo. A la base du cône, cette lave s'étendit en plate-forme élevée, que les indigènes appellent le Champ-Brûlé. La surface en est couverte, comme le Malpais du Mexique, d'une épaisse couche de cendre, d'où s'élèvent mille petits monticules de 10 à 12 pieds de haut, à peu près du même diamètre à la base. De chacun de ces monticules, à l'époque de cette visite, s'échappaient des fumaroles, c'est-à-dire des jets de vapeur chaude ayant une odeur d'hydrogène sulfuré. Il est évident qu'ici, comme au Jorullo, d'abondantes averses de cendres donnèrent aux aspérités superficielles de la couche principale de lave, qui çà et là émettait des vapeurs tant que la chaleur interne se conserva, la même forme de cônes ou de dômes que celle que prend une neige abondante sur les protubérances accidentelles des champs. Moi-même, du reste, j'ai observé un phénomène exactement semblable causé par l'éruption du Vésuve en 1822. Je l'ai décrit dans un mémoire lu devant cette société en 1827.

VI. La théorie du soulèvement ou de la vessie, ayant été ainsi inventée par M. de Humboldt, fut adoptée et plus amplement developpée par M. de Buch dans son ouvrage sur les Canaries.

En parlant du Pic de Ténériffe, tout en décrivant sa seule partie visible, la surface, comme composée de fragments de pierre ponce et de torrents de lave vitreuse, qu'il considère comme ayant coulé coup sur coup du sommet le long des flancs du cône (1) et prouvant par là que le cône, autant qu'on peut le vérifier, doit son origine à l'éruption, M. de Buch nous

(1) Canaries, p. 196.

extérieures, ou le désordre partiel des couches qui la composent, sont le produit de tremblements de terre ou d'impulsions réitérées de bas en haut, suivies de l'injection de laves dans les fissures intérieures qui en résultent (durcies ensuite en filons solides) *pendant les éruptions successives du volcan.* La probabilité, je dirais même la certitude, que de tels changements dans le foyer intérieur d'un volcan doivent toujours plus ou moins accompagner ses éruptions, ne sera jamais contestée par aucun des éruptionistes (si l'on peut forger ce mot); certainement pas par moi qui ai toujours considéré cette expansion intérieure d'une montagne volcanique habituellement ou accidentellement en éruption, comme faisant partie du mode graduel de sa formation (1). Mais ce lent accroissement de la masse *solide* intérieure est tout l'inverse du mode imaginé par les partisans du soulèvement. Comme je viens de le démontrer, ceux-ci soutiennent que la montagne volcanique, telle que nous la voyons, a surgi tout entière du sein de la terre d'un seul coup, gonflée soudainement comme une vessie par un seul effort; par conséquent, qu'elle reste creuse à l'intérieur comme une voûte arquée; et ils considèrent l'inclinaison des pentes extérieures ou des couches qui composent cette montagne comme étant exclusivement le résultat du soulèvement subit et simultané d'une masse entière préexistante, qui reposait auparavant dans une position horizontale.

Les extraits que je vous ai cités le prouvent surabondamment. Aussi bien cette doctrine dans son sens le plus large, est la conséquence forcée de l'argument sur lequel elle repose, savoir : l'impossibilité démontrée, aux yeux des partisans du soulèvement, par les observations de M. Élie de Beaumont sur l'Etna, qu'aucune couche de lave, sauf quelque mince bande de scories ou quelque croûte sans profondeur, se soit consolidée ou même ait pu le faire, sur une pente dépassant

(1) Voyez *Considérations sur les volcans*, 1827, p. 156, et *Trans. géol. Soc. Lond.* 2ᵉ sér., vol. II, p. 341, 1827.

une inclinaison angulaire de deux ou trois degrés ou de cinq au dernier maximum. C'est là un argument qui, selon la juste observation de Sir Charles Lyell (dans la dernière édition de son Manuel, p. 507), s'applique à la couche supérieure de lave qui se trouve sur la pente d'un cône volcanique, tout autant qu'à celles qui se trouvent au-dessous de cette couche. Si donc la loi énoncée par M. Élie de Beaumont est la loi véritable, toute montagne ignivome sur ou près de la surface de laquelle se trouve une couche solide de lave ayant plus de 3° à 5° d'inclinaison (excédant qui comprend probablement toutes les montagnes volcaniques connues) a de toute nécessité été soulevée en bloc, telle que nous la voyons actuellement, d'une position à peu près horizontale, *postérieurement au dépôt de cette couche de lave supérieure presque toujours la dernière en date.*

Je reviendrai tout à l'heure sur le manque de fondement de cette loi supposée de l'impossibilité de solidification de la lave sur des pentes dépassant 5 degrés, telle qu'elle a été formulée par M. Élie de Beaumont.

IX. En attendant, la question ainsi dégagée de toute équivoque, la première remarque qui se présente est que la théorie du soulèvement ne tient aucun compte des éruptions volcaniques quelconques, issues du soupirail central d'une montagne, postérieurement à sa formation originelle (ou, pour mieux dire d'après leur théorie, à son gonflement). En effet, sous un tel point de vue, les montagnes volcaniques existent tout à fait indépendamment des éruptions et pourraient être, seraient même, ce qu'elles sont, n'y eût-il jamais eu d'éruption du tout (1). Il est vrai que le fait d'éruptions répétées de ces montagnes, même depuis les temps historiques, éruptions quelque-

(1) M. de Buch va même jusqu'à dire expressément des couches basaltiques (doléritiques) qui forment l'Etna, en parlant de celles que l'on voit dans les ravins du val del Bove : « Ces couches doivent leur origine à des phénomènes antérieurs à l'action du volcan lui-même. » (Canaries, p. 328.)

fois d'une grande intensité, rejetant pendant des périodes prolongées d'énormes quantités de pierres et de fragments, et vomissant de leurs soupiraux centraux, ou très-rapprochés du centre, d'abondantes sources de lave ; il est vrai, dis-je, que de tels faits ne pouvaient être ignorés par ces auteurs. M. de Humboldt même, dans quelques endroits, semble apprécier la puissance d'accumulation de telles éruptions. Il cite, par exemple, « ces puissants volcans de l'Etna et de Ténériffe qui vomis« sent des torrents de lave, et les pluies de scories du Cotopaxi « et du Tunguragua (1). » Mais la théorie du soulèvement doit sûrement résoudre cette simple question : que deviennent donc toutes ces matières si abondamment rejetées par les volcans si, par la suite des temps, *elles ne s'accumulent pas en montagnes?* Une telle théorie, sans aucun doute, exigerait que les laves et les scories rejetées par les soupiraux du centre et du sommet d'un volcan, pendant peut-être des milliers d'années depuis sa formation originelle n'eussent laissé aucune, ou à peu près aucune trace sur le sommet ou les flancs, et par conséquent n'eussent aucunement augmenté la masse d'une manière sensible. Ce n'est pas à moi à concilier de telles inconséquences.

Les partisans du soulèvement admettent, sans doute, que quelques cônes parasites de scories et de laves provenant d'éruptions peuvent se trouver vers la base d'un volcan où l'inclinaison est inférieure à trois ou quatre degrés. Mais même sur ce point comme sur d'autres, ces auteurs ne sont aucunement conséquents les uns avec les autres ni même avec eux-mêmes. Par exemple M. Dufrénoy, dans sa description du Vésuve, affirme que non-seulement le cône principal, mais aussi les quatre petits cônes accessoires formés sur la pente la plus basse immédiatement au-dessus de Torre del Greco, lors de l'éruption de 1760, « ne se sont pas formés par l'accumulation ni de « cendres ni de coulées de laves superposées en couches suc-

(1) Cosmos, vol. IV, p. 161.

« cessives, mais font partie d'un terrain soulevé en forme de « cloche par l'action des fluides élastiques (1) »; et il attribue à la même origine (d'après ses propres paroles : « le soulèvement « et non l'accumulation ») la formation des plus petits cônes formés en juin 1834, sur le flanc extérieur du cône principal et dans l'intérieur du cratère.

D'un autre côté, M. de Beaumont considère le Vésuve lui-même, aussi bien que ses cônes secondaires, comme étant d'origine éruptive et, dans son Mémoire sur l'Etna, il admet que les trois ou quatre cents cônes parasites éparpillés sur les flancs de la montagne dont plusieurs, tels que le Monte-Rosso, sont dix fois plus forts que ceux de Torre del Greco, sont de vrais cônes d'éruption, produits d'une accumulation de matières rejetées. Il admet encore cette même origine pour tout le cône central et culminant de l'Etna, contenant le cratère actuel et qui s'élève à plus de 1000 pieds au-dessus du Piano del Lago, espèce de plate-forme au pied de ce cône (2), et ce n'est qu'au *cône intermédiaire* qu'il appelle « la gibbosité centrale », se terminant par le haut dans cette plate-forme et par le bas sur les pentes inférieures couvertes de cônes d'éruption et de leurs torrents de lave, qu'il applique sa théorie de soulèvement subit. Il y a plus, M. de Beaumont admet le pic de Ténériffe, aussi bien que le Vésuve, dans sa catégorie de cônes d'éruption et d'accumulation; et il va même jusqu'à dire que leur pente

(1) *Mémoires sur le Vésuve*, p. 331 et 318.

(2) Je puis dire ici que la plate-forme de l'Etna, le Piano del Lago, ne présente aucune difficulté qui exige une solution si extraordinaire : c'est sans aucun doute tout simplement l'ancien cône de l'Etna, tronqué par le paroxysme d'une éruption primitive. Le cratère existant alors a pu être subséquemment comblé par des éruptions, et le cône supérieur s'est élevé plus récemment sur ce sommet ainsi nivelé. C'est, au fait, le pendant de la plate-forme qu'avant 1822 formait le sommet du Vésuve et sur laquelle s'élevèrent plusieurs cônes moindres avec des cratères. Cet état de choses se reproduisit identiquement, après que le cratère de 1822 fut comblé, sur le même sommet, de 1834 à 1850. (Voy. *fig.* 5 et *fig.* 11).

droite et régulière du haut jusqu'en bas est le trait distinctif et caractéristique des cônes d'éruption (1).

Ainsi, de même, MM. de Buch et de Humboldt, considèrent tous deux comme des cônes d'éruption et d'accumulation, non seulement les cônes latéraux ou parasites de l'Etna, mais encore une trentaine de cônes dans le Lanzarote, une des Açores, et tous les puys ou cônes de scories de la France centrale, au nombre de quelques centaines, et dont plusieurs sont d'une certaine grandeur.

Il semblerait, d'après ces concessions, que ce ne serait qu'aux plus grosses montagnes ignivomes, composées de couches réitérées de lave et de conglomérat, généralement considérées comme le produit de nombreuses éruptions successives des mêmes orifices, que la majorité des partisans du soulèvement, savoir : MM. de Humboldt, de Buch et de Beaumont, font l'application de leur théorie. Cependant, il n'en est point ainsi, car ces mêmes géologues, à l'unanimité, s'accordent avec M. Dufrénoy pour affirmer que tous les petits cônes de tuf et les cratères des champs Phlégréens, près de Naples, sont le résultat du soulèvement seul, y compris même le Monte-Nuovo, qui fut produit dans l'année 1538 par une éruption qui dura trois jours et trois nuits, d'après le témoignage de nombreux observateurs, dont plusieurs même nous ont laissé des détails très-précis sur ce phénomène.

Ainsi, pour résumer quelques-unes des inconséquences et des divergences de nos adversaires, MM. de Buch et de Humboldt affirment que la Somma et le Vésuve, le pic de Ténériffe et tout l'Etna, « comme nous les voyons aujourd'hui, » sont dus à un soulèvement subit, quoiqu'ils ne contestent pas qu'ils sont en éruption fréquente depuis longues années. M. de Beaumont déclare que la Somma et le noyau central de l'Etna ont été soulevés, mais que le Vésuve, le pic de Ténériffe et le cône supérieur de l'Etna proviennent d'éruptions, aussi bien que les

(1) Mémoires, vol. IV, p. 157.

cônes parasites de ce dernier volcan. M. Dufrénoy attribue la Somma, le Vésuve et ses *cônes parasites* au soulèvement seul. Et pendant que tous admettent que les moindres cônes et cratères de l'Auvergne, du Velay et du Lanzarote sont des cônes d'éruption, tous proclament que ceux des champs Phlégréens sont dus au soulèvement!

X. Ces inconséquences des partisans du soulèvement font à juste titre supposer qu'ils comprennent à peine leur propre théorie. C'est en vérité une tâche sans espoir que d'essayer de découvrir dans leurs ouvrages quelque idée précise de ce qu'ils considèrent comme le caractère distinctif des cônes soulevés en opposition avec les cônes d'éruption.

L'un d'eux, toutefois, M. de Beaumont, semble reconnaître la nécessité de quelque critérium, et il entreprend d'en fixer un. Aussi, il déclare que la distinction consiste dans « la pente rectiligne continue » des cônes d'éruption; tandis que celle des cônes de soulèvement « est plus irrégulière et s'approche insensiblement de l'horizontale vers la base (1). » Et c'est en se fondant expressément sur cette régularité des pentes qu'il affirme que le Vésuve, le pic de Ténériffe et le cône culminant de l'Etna sont des cônes d'éruption (2). Mais, de l'autre côté, M. de Buch, dans le passage déjà cité, maintient que l'extrême régularité de l'Etna tout entier est une preuve qu'il ne peut être le produit d'éruptions, mais au contraire qu'il a dû forcément être soulevé d'un seul coup « à l'instant même de sa naissance. » Dans le fait, le critérium de M. de Buch est juste l'inverse de celui de M. de Beaumont (3).

Cependant, prenons un instant celui de M. de Beaumont comme l'autorité la plus récente. A coup sûr, ce n'est pas sérieusement que l'on appuie une distinction si importante pour constater l'origine de toutes les montagnes volcaniques, sur des

(1) Mémoires, p. 96.
(2) Mémoires, p. 157.
(3) Canaries, p. 326-327.

apparences si faibles, si contestables, je dirai même si nécessairement variables selon les diverses modifications de composition, de dispersion ou d'exposition plus ou moins longue aux agents de dégradation extérieure, etc., indépendamment de la question d'origine.

D'abord on ne peut nier que plusieurs, peut-être le plus grand nombre, des cônes que l'on admet comme cônes *d'éruption*, autour de l'Etna et dans la France centrale, ont une pente qui est loin d'être rectiligne, mais qui descend en courbe visible, diminuant de roideur jusqu'à la base; ce qui est, d'après M. de Beaumont, le caractère du cône *soulevé*. En second lieu, la moindre réflexion suffit pour démontrer qu'il doit nécessairement exister de grandes différences dans la forme des flancs d'un cône éruptif, occasionnées par des modifications accidentelles dans le volume, la forme ou la pesanteur des fragments vomis, dans leur plus ou moins de chaleur, et par conséquent dans le plus ou moins de dégradation qu'ils ont subie par les averses qui accompagnaient les éruptions, ou par une exposition plus ou moins prolongée aux influences atmosphériques. Pour ce qui concerne les grandes montagnes volcaniques, dans l'hypothèse où elles seraient le produit d'éruptions répétées, il faut de toute nécessité qu'il se soit formé une pente graduelle vers la base, non-seulement par suite d'une longue exposition aux influences dégradantes de l'atmosphère, mais bien plutôt par suite de l'accumulation des laves et des scories produites par les éruptions qui auront éclaté sur les flancs inférieurs de la montagne. Je vais plus loin, M. de Beaumont, en assignant l'éruption comme origine des innombrables cônes parasites de l'Etna et de leurs laves, explique sans s'en rendre compte, en vertu du principe d'accumulation et non du soulèvement, la pente graduée de la montagne dans la plaine qui l'entoure. Et, à vrai dire, la portion visible du « cône soulevé central, » intermédiaire entre le cône culminant et la région inférieure des éruptions provenant des cônes parasites, possède justement ce caractère de « pente rectiligne continue » qu'il nous donne comme spécial aux cônes d'éruption. (Voir la *fig.* 5, croquis de

Fig. 5. Silhouette de l'Etna, vu de Catane. (*Mém. de la Soc. géol. de France*, vol. IV, pl. 2.)

M. de Beaumont lui-même). De sorte que son critérium, s'il avait quelque valeur, irait contre ses propres conclusions.

Les pentes extérieures d'un cône volcanique, presque sans exception, correspondent à la disposition intérieure des couches qui la composent, qui ont par conséquent ce qui s'appelle une inclinaison *quaquaversale* à partir de l'axe central. Cette règle générale est plutôt appuyée que contestée par les partisans du soulèvement. Cependant cette disposition si particulière et si remarquable est exactement celle qui existerait forcément par la chute de couches successives de fragments vomis par l'éruption, et l'écoulement répété de laves d'un orifice central autour duquel ces matières doivent finir par s'accumuler en ce qu'on peut appeler un « talus annulaire. » Et pourtant nos adversaires n'ont point démontré comment une telle disposition serait, ou même pourrait être produite par un seul soulèvement. On dit qu'il y a, et peut-être on pourrait citer deux ou trois exemples d'une stratification *quaquaversale* presque semblable dans les roches non volcaniques.

Dans les bouleversements et dépressions infiniment variés que les roches stratifiées ont subis par des soulèvements et affaissements répétés, il serait vraiment étonnant si, çà et là, il ne se trouvait point quelque chose d'analogue. Mais, ce que nos adversaires n'ont point essayé d'expliquer est ceci; que, pendant que dans les roches non volcaniques, ces exemples, s'ils existent, sont les plus rares exceptions, dans les stratifications des collines volcaniques ils forment la règle générale. Si le même mode de soulèvement a agi sur les deux genres de roches, comment se fait-il que le caractère et l'intensité de cette action, non-seulement ne soient point les mêmes dans les deux genres, mais encore, généralement parlant, soient complétement différents? Comment le système du soulèvement explique-t-il ce fait évident pour tous, que dans tout cône volcanique, si grand qu'il soit, l'inclinaison des couches soit si semblable et si uniformément limitée à un maximum de trente ou de quarante degrés! Enfin au maximum d'un *talus?* Comment se fait-il qu'une perturbation aussi puissamment violente que le soulèvement subit d'une masse de couches horizontales de milliers de pieds d'épaisseur et de centaines de lieues carrées de surface, en une montagne comme l'Etna, et mille autres semblables; comment se fait-il que cette catastrophe ait, dans tous les cas cités, bouleversé les couches avec tant de régularité en suivant une disposition circulaire et *quaquaversale*, presque symétrique, et en les inclinant sous les mêmes angles? Pourquoi ces couches, si elles sont ainsi soulevées par tant de violence, ne se trouvent-elles pas pour la plupart en longues rangées linéaires anticlinales? Pourquoi ne montrent-elles pas quelquefois une inclinaison de soixante, quatre-vingt et quatre-vingt-dix degrés, ou même ne sont-elles pas complétement verticales, comme les roches stratifiées auxquelles on ne conteste pas une violente élévation?

XI. Encore, M. de Beaumont compare l'espèce de choc qu'il suppose avoir soulevé les cônes volcaniques et formé leurs cratères, au choc soudain au-dessous d'une couche horizontale de verre ou de glace, ce qui produit ce qu'il appelle un *étoilement*, c'est-à-dire une fracture en étoile. Aucun exemple ne pourrait être plus fatal à sa théorie, car selon la juste observation de sir Charles Lyell et de M. Prévost, la marque caractéristique d'une ouverture étoilée est la formation de fissures rayonnant du centre d'impulsion, mais toutes s'élargissant d'autant plus qu'elles en sont plus rapprochées, ce qui est précisément le contraire du caractère universel des fissures, ravins ou « barancos, » qui rayonnent bien du centre des montagnes volcaniques, mais qui, tous sans exception je crois, s'élargissent vers la base de la montagne, selon l'habitude des ravins formés par l'eau, comme ils le sont presque tous, quoique quelques-uns peut-être doivent leur commencement à des tremblements de terre. Il y a plus, ces ravins rayonnants, qui caractérisent les montagnes volcaniques, étant le résultat naturel de leur forme régulièrement conique ou pyramidale, et de leur prompte dégradation par les pluies, se continuent rarement jusqu'au bord du cratère central. Comment donc un cône, ayant un cratère central annulaire, sans fracture, peut il être considéré comme représentant un étoilement, ou comme ayant été soulevé par une impulsion subite et violente de bas en haut, agissant sur une couche horizontale solide, comment ce phénomène a-t-il pu se produire? cela dépasse l'intelligence (1).

En vérité, il semble étrange que nos adversaires ne voient pas que leurs arguments et leurs comparaisons vont si fort à l'encontre de leur propre système, et que l'ouverture régulièrement circulaire et généralement intacte d'un cratère volcanique, aussi bien que l'inclinaison uniforme des pentes extérieures et des couches qui composent le cône (phénomène si remarquable qu'un observateur peut presque toujours reconnaître de loin une montagne volcanique, rien que par la silhouette en talus circulaire de ses flancs), bien loin d'être des arguments en leur faveur comme caractères distinctifs du soulèvement, sont pour des intelligences ordinaires précisément le contraire.

XII. Mais il y a encore autre chose à dire là-dessus. Dans plusieurs localités volcaniques, près de Naples, par exemple, et, dans les îles Galapagos, on rencontre des cônes avec cratères

(1) Voir l'Atlas du professeur Junghuhn sur les volcans de Java. Il démontre que dans le cas où les ravins latéraux coupent les bords du cratère, ce dernier est dû à l'enlèvement du sommet par une éruption postérieure à l'érosion des ravins.

composés de couches de tuf ou cendres de ponce et de scories, au travers desquelles l'action rongeante des torrents ou de la mer a exposé des sections de roches offrant, outre la pente extérieure concentrique et anticlinale, une autre pente intérieure synclinale, également concentrique, *vers l'intérieur* du cratère. Le cap de Misène, les îles de Nisida et de Procida, et le Monte-Barbaro près de Pouzzoles offrent des exemples de cette singulière disposition qui, après réflexion, paraîtra comme le résultat naturel d'une accumulation par suite d'éruptions, car les fragments qui tombent des airs ou roulent le long des flancs extérieurs du cône se forment en couches ayant une disposition *quaquaversale* en dehors, tandis que ceux qui tombent dans l'intérieur du cratère, surtout comme les éruptions diminuent de violence vers la fin de la catastrophe, et par conséquent ne suffisent pas pour nettoyer tout le canal de décharge, s'accumulent en un talus intérieur, ayant une disposition concentrique tendant vers le centre.

Dans mon ouvrage sur les volcans, publié en 1826, j'ai donné une section idéale d'un cône ainsi formé par une seule éruption, et un croquis des sections naturelles de quelques volcans actuellement visibles dans l'île de Nisida et au cap de Misène. Je donne ici une reproduction (*fig.* 6 et 7) ainsi qu'une vue de l'île de Graham (*fig.* 8), prise juste avant sa disparition par M. Joinville en septembre 1831. Dans ces croquis l'on peut remarquer la même disposition intérieure des couches qui composent le noyau du cône. Ces couches par leur proximité du soupirail, ont sans aucun doute été plus solidement cimentées par la chaleur, que ne l'ont été les couches extérieures, et cette circonstance, autant que leur position centrale, aura contribué à les faire résister plus longtemps à l'action destructive des vagues. Cette structure est aussi identiquement la même dans la petite île en forme de cratère sur la côte de Saint-Michel aux Açores, près de Villafranca, d'après la description que donne M. Darwin. (*Iles volcaniques*, p. 108.) A ces exemples, sans

Fig. 6. Section idéale d'un cône simple formé par l'accumulation des produits d'un seul orifice.

Fig. 7. Section naturelle d'un cône simple d'éruption ; le cap de Misène, près de Naples.

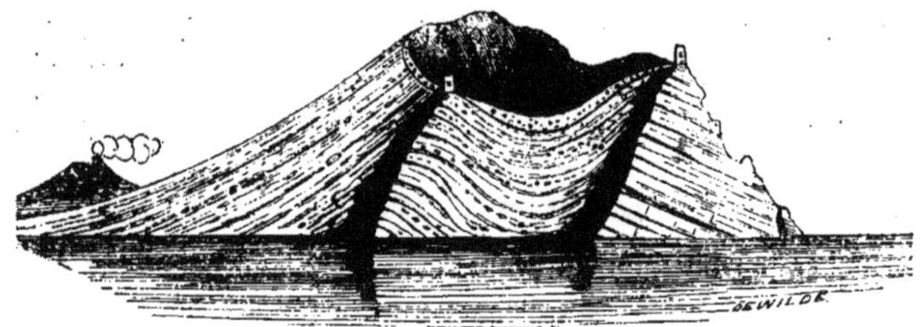

Fig. 8. Ile de Graham, telle qu'elle paraissait en septembre 1831.

aucun doute, viendront s'en ajouter d'autres dans l'esprit de ceux qui connaissent les localités volcaniques.

Maintenant, j'ose dire qu'il est absolument impossible de concilier cette disposition circulaire *anticlinale* avec la théorie du soulèvement; car même si l'on pouvait concevoir que des couches horizontales puissent être soulevées uniformément autour d'une ouverture centrale (quoique je ne puisse l'admettre, surtout là où l'anneau est parfait et sans fractures sur les bords) il n'en serait pas moins tout à fait incompréhensible qu'un simple soulèvement pût arranger ces couches de manière à avoir une pente double ou anticlinale tout autour. Cette insurmontable objection, cependant, est résolue sans effort par nos adversaires en vertu de la phrase commode de « convolutions locales. »

XIII. C'est avec la même facilité, pour ne pas dire un autre mot, que M. Dufrénoy résout cette embarrassante objection contre la théorie du soulèvement de Monte-Nuovo, savoir : que les constructions romaines élevées à la base (le temple d'Apollon surtout) sont demeurées parfaitement verticales, et leurs corniches parfaitement horizontales.

Il suppose hardiment qu'après tout le Monte-Nuovo existait avant l'ère romaine et ne fut que légèrement aspergé de cendres dans l'éruption de 1538 (1) et ce, malgré le témoignage unanime de tous les observateurs contemporains qui affirment avoir vu cette montagne se former sur une plage auparavant toute unie, par suite d'éruptions prodigieuses sur place de grosses pierres, de scories, de boue et de cendres. Ces éruptions furent si abondantes pendant deux jours et deux nuits consécutivement, que les particules les plus ténues couvrirent la terre à une distance de quatre-vingt-dix kilomètres (2). Un tel phéno-

(1) Mémoires, p. 278. Voir aussi de Buch, *Iles Canaries*, p. 347.

(2) Lettre de François del Nero. — Voir les *Principes de Lyell*, p. 369. Dans le volume donné au Musée britannique par sir W. Hamilton, *imprimé à Naples l'année même de l'éruption*, Marc-Antoine Falconi, *témoin oculaire*,

mène ne pouvait donc manquer de former un cône semblable à celui que nous voyons autour de l'orifice actuel, quoiqu'il soit loin d'égaler le Monte-Rosso et autres cônes reconnus même par nos adversaires pour être des cônes d'éruption.

La difficulté qu'éprouve M. Dufrénoy à admettre que le Monte-Nuovo soit le produit d'éruptions provient, nous dit-il, de la parfaite ressemblance des couches de tuf qui le composent avec celles qui sont dans les champs Phlégréens, et qui ont formé les cônes et les cratères plus anciens qui l'entourent. Il a vu clairement, ainsi que ses confrères (qui pour une fois sont d'accord sur ce sujet) que si l'on abandonne la théorie du soulèvement pour ce qui concerne le Monte-Nuovo, il faut aussi l'abandonner pour les autres collines des champs Phlégréens, y compris la Somma, autour de laquelle ces tufs s'étendent d'une manière analogue.

écrit ceci : « Des pierres et des cendres furent lancées avec un fracas semblable aux décharges de grosse artillerie, et en telle quantité qu'elles semblaient devoir couvrir le monde entier ! En quatre jours leur chute forma une montagne *dans la vallée entre le Monte-Barbaro et le lac Averne*, d'au moins trois milles de circonférence, et presque aussi haute que le Monte-Barbaro lui même. C'est vraiment incroyable pour ceux qui n'en ont pas été témoins qu'une telle montagne se soit formée en si peu de temps. »

Dans un autre récit du même volume, Pierre Jacobeo de Tolède, décrivant le même événement, ajoute : « Il y avait des pierres de la grosseur d'un bœuf; les plus grosses s'élevaient à portée d'arquebuse de l'orifice, puis retombaient les unes sur le bord du cratère, et les autres dedans. La boue, un mélange d'eau et de cendres, *était d'abord très-fluide*, puis moins, et elle était rejetée en telles quantités, qu'avec les pierres dont j'ai parlé, en moins de douze heures on vit s'élever une montagne de mille pieds de haut. Le troisième jour j'y montai et je regardai dans le cratère. Au fond, dans le milieu, les pierres qui y étaient retombées bouillaient comme de l'eau dans un chaudron. »

Sir W. Hamilton, en citant ces relations, ajoute avec raison : Ces détails donnent la preuve d'une montagne considérable dans sa hauteur et dans ses autres proportions, *formée dans une plaine* par une simple explosion de vingt-quatre heures.

Par le fait, le Monte-Nuovo donne évidemment (comme l'a observé Hamilton, il y a quatre-vingts ans) la clef de l'origine des cônes et des cratères environnants; il était donc nécessaire d'en faire à tout prix un cône de soulèvement. En conséquence, tous affirment hardiment que le Monte-Nuovo *n'était pas une montagne nouvelle* en 1538; que ce n'est pas à cette époque qu'il fut formé, pas plus que par l'éruption à laquelle pourtant tous les observateurs contemporains attribuent sa formation.

Assurément la théorie du soulèvement s'est réduite ici *à l'absurde*. Pour que le lecteur puisse en juger, je donne (*fig.* 9)

Fig. 9. Le Monte-Nuovo, vu des environs de Pouzzoles.

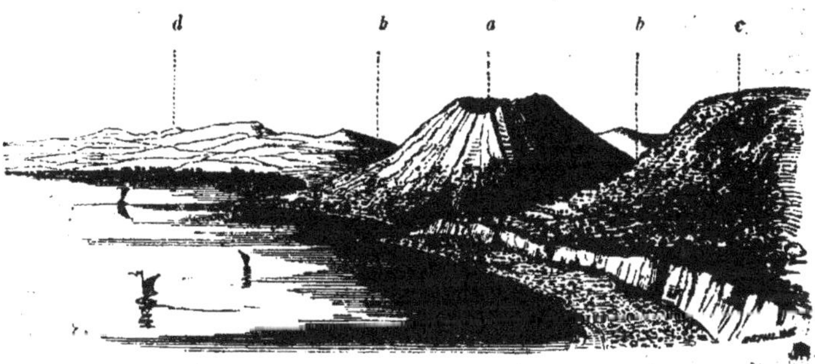

a. Le Monte Nuovo. *c.* Le Monte-Barbaro.
b, b. Vallon du lac d'Averno. *d.* Côte de Baia.

le profil du Monte-Nuovo, vu des environs de Pouzzoles, s'élevant (comme dit M. Falconi dans l'extrait déjà cité) du vallon entre le Monte-Barbaro et le lac d'Averne. Et je demande comment les habitants de Pouzzoles auraient pu décrire la formation d'une telle *montagne nouvelle*, devant leurs yeux, par l'éruption des trois jours de 1538, si elle existait déjà de tout temps.

XIV. Arrêtons-nous un instant pour dire que la ressemblance des couches de tuf composant le Monte-Nuovo, avec celles des cratères environnants, mais plus anciens, provient, sans aucun doute, de ce que l'éruption qui les forma les uns et les autres fut sous-marine, ou du moins eut lieu sur le bord de la mer. Les matières éruptives furent principalement de la pierre ponce ou des scories feldspathiques qui, triturées en cendres par des éruptions répétées et mêlées avec l'eau de la mer en une espèce de boue ou de mortier, formèrent un tuf des plus durs (1).

Les dernières explosions ayant probablement eu lieu dans l'atmosphère, ou du moins n'étant plus aussi mélangées avec l'eau, les couches supérieures se trouvent être d'un tuf moins compacte, mêlé de ponces, etc., dans l'état où elles tombèrent. Telle est la composition et la disposition générale de toutes les collines de tuf dans les champs Phlégréens (2). Si l'on en croit M. Darwin, il existe un pendant analogue en tous points à ces cratères de tuf, dans les îles Galapagos, près de Banks's Cove. Il en décrit un de 500 pieds de profondeur et de trois quarts de mille de diamètre, dont les couches inférieures sont formées d'un tuf compacte, et selon toute apparence proviennent d'un dépôt sous-marin. Les couches supérieures sont d'un tuf friable, léger et quelquefois pisolitique; chaque couche rayonnant régulièrement

(1) Dans les derniers jours de l'éruption du Vésuve de 1822, les cendres fines rejetées par le volcan qui, mêlées avec la pluie, s'écoulaient en boue liquide le long de la montagne, formèrent une croûte de tuf si compacte et si dure qu'il fallait la briser à coups de pic. Quelques-unes des couches étaient pisolitiques, les gouttes de pluie ayant agrégé les cendres en concrétion globulaire. Ce fut une alluvion de cette nature (lave de boue, *lava di fango*) qui inonda Herculanum, pendant que Pompéi, située au delà de la base de la montagne, fut enterrée sous les décharges fragmentaires de la même éruption qui tombaient d'en haut. Le trass des volcans du Rhin et le moya des volcans du Pérou sont les produits d'un semblable mélange d'eau et de cendres de feldspath. Cependant, dans ces derniers exemples, les infusoires ou même les poissons que l'on y trouve démontrent que cette inondation de boue fut produite par la débacle des cratères-lacs.

L'éruption de boue qui contribua à former le Monte-Nuovo est bien décrite par un des témoins oculaires du phénomène. Voir l'extrait déjà cité de sir W. Hamilton. (Page 26, note 2.)

(2) Cette couche superficielle de tuf incohérent peut se voir sur le cône de Misène. (Voir fig. 7.)

dans toutes les directions en partant du cratère, suivant un angle de 25 à 30 degrés. Mais dans l'intérieur des cratères se trouvent des couches rayonnant intérieurement sous des angles plus élevés. Aussi est-ce avec vérité que M. Darwin dit que, d'après les apparences, il n'a pu y avoir de soulèvement.

Le professeur Dana décrit en des termes semblables d'autres îles de tuf dans l'océan Pacifique (1).

Les cônes de tuf et les cratères des champs Phlégréens, après tout, ne diffèrent des cônes et cratères de Lanzarote, de l'Etna ou de la France centrale que par leur composition qui est de scories de ponce et de cendres feldspathiques, au lieu de scories de basalte et de cendres pyroxéniques, et par leur origine qui est sous-marine, au lieu d'être, pour ainsi dire, atmosphérique. C'est à cette origine sous-marine que ces couches doivent d'être stratifiées d'une manière plus solide que les cônes produits dans l'atmosphère.

Pour toutes les autres conditions de structure, de rayonnement et de direction des couches, la ressemblance est si exacte qu'on ne peut s'empêcher d'être étonné que les partisans du soulèvement aient supposé deux modes de formation entièrement différents et même opposés (2), surtout lorsque, comme dans le cas du Monte-Nuovo, il y a d'imposantes autorités contemporaines pour témoigner de l'occurrence de ces abondantes éruptions qui, d'après l'aveu de nos adversaires eux-mêmes, ont formé les cônes semblables de l'Etna et de l'Auvergne.

XV. C'est une pareille difficulté qui a jeté les partisans du soulèvement dans ces inconséquences dont nous avons parlé à

(1) Expédition exploratrice des États-Unis, vol. I, p. 328.

(2) M. Rozet, un des adeptes de cette école, décrit ainsi tous les cratères des champs Phlégréens : « ce ne sont pas des cratères d'éruption, mais simplement des cirques ouverts dans des couches de tuf horizontales préexistantes. Ce sont des dislocations en forme de cirque. C'est une grosse bulle de gaz qui, après avoir formé une ampoule dans les tufs horizontaux, a fini par les crever. » (Rozet, Mém. de la Soc. géol. de France, 2e sér., p. 140).

propos de la formation du Vésuve. La parfaite analogie du cône principal en forme, structure et composition avec le cône en demi-cercle de la Somma, du centre duquel il s'élève, défend absolument d'assigner une origine différente à chacun. Lorsque immédiatement après la grande éruption de 1822, je me tenais sur le bord de l'immense cratère qui avait été creusé à travers la masse solide du cône par les explosions des vingt jours précédents, et que je remarquais la parfaite ressemblance des sections intérieures avec celles de la Somma, que je pouvais voir au même moment, je ne pus douter que les deux cônes et cratères concentriques, intérieur et extérieur, dussent leur origine à des phénomènes d'éruption semblables.

J'aurais pu aussi bien douter que les pots de fleurs qui s'emboîtent les uns dans les autres, soient fabriqués de la même manière. Les couches irrégulières de lave et de conglomérat traversées par des filons qui composaient les parois intérieures de chaque cratère, rayonnaient visiblement de tous côtés en partant du même centre, suivant le même angle et dans les deux cas parallèles aux pentes extérieures de chaque cône. Par les bords ébréchés du nouveau cratère, fumaient encore les extrémités supérieures des courants de lave coupés par l'enlèvement du sommet de la montagne; de ces mêmes courants que, pendant les précédentes années, j'avais moi-même observés de Naples, coulant le long de la pente du cône à la suite d'éruptions mineures et sur la surface desquels j'avais souvent grimpé, pour atteindre le sommet du cône. J'avais aussi dans la même période d'observations, vu une quantité de lave fragmentaire et de scories s'échapper presque sans interruption de divers orifices supérieurs, et former de petites protubérances sur la plate-forme irrégulière qui surmontait alors le cône. Une de ces protubérances, ne mesurant pas moins de 450 pieds de haut, fut élevée en moins de huit mois au commencement de 1822, fait confirmé par le témoignage de MM. Monticelli et Covelli. En présence d'une expérience aussi positive du rapide accroissement sous nos yeux, du cône du Vésuve, pendant trois ans d'une activité modérée, et sachant de sources authentiques que durant les dix-huit derniers siècles, de ce même cratère se sont échappées au moins cinquante éruptions paroxysmales bien autrement productives de matières volcaniques; en présence de tant de faits concluants, puis-je admettre un système qui prétend que la montagne tout entière fut formée, telle que nous la voyons aujourd'hui, en l'an 79 de notre ère, par quelque phénomène incompréhensible dont personne n'a été témoin dans aucun pays ni dans aucun temps? Que depuis cette époque, le volcan ne s'est pas accru d'un pied par l'accumulation des matières rejetées, laves ou scories, mais bien qu'il a diminué plutôt qu'augmenté en volume et en hauteur depuis l'époque de son soulèvement primitif? Car telle est l'affirmation mise en avant par M. de Buch et endossée par M. de Humboldt. N'avons-nous pas le droit de demander à ceux qui refusent de croire que le Vésuve aussi bien que les autres volcans, plus grands encore, des deux hémisphères aient été formés graduellement par les laves et autres matières amoncelées par leurs éruptions; n'avons-nous pas le droit de demander ce que sont devenues toutes ces matières? Bien des volcans sont connus pour avoir été fréquemment ou habituellement en éruption même depuis la période historique. On les voit vomir d'énormes quantités de scories, de pierres ponces et de cendres, ainsi que d'immenses torrents de lave par leur cratère central ou par quelque orifice qui en soit très-rapproché. On peut donc raisonnablement supposer que, pendant de longues périodes antérieures, des éruptions semblables ont eu lieu.

Nos contradicteurs admettent qu'une seule éruption donnera naissance (*par accumulation, non pas par soulèvement*) à une colline du volume du Monte-Rosso, du Puy de Côme, ou même des plus grands cônes de Lanzarote, c'est-à-dire de six cents à mille pieds de hauteur et d'une masse proportionnée. Ne devons-nous donc pas leur demander ce que peuvent avoir formé ces produits d'innombrables éruptions d'une même bouche, accumulés pendant des siècles, sinon ces excroissances que nous appelons les grands volcans ou montagnes volcaniques! Et lorsque, après examen, nous trouvons ces mêmes montagnes composées de couches de lave et de scories ou de conglomérat de ponces, alternant d'une manière uniforme et divergeant en tous sens à partir d'un cratère central, sous le même angle d'inclinaison que celui suivi par les couches que nous voyons

Fig. 10. Section idéale d'un cône volcanique formé par les produits d'éruptions répétées.

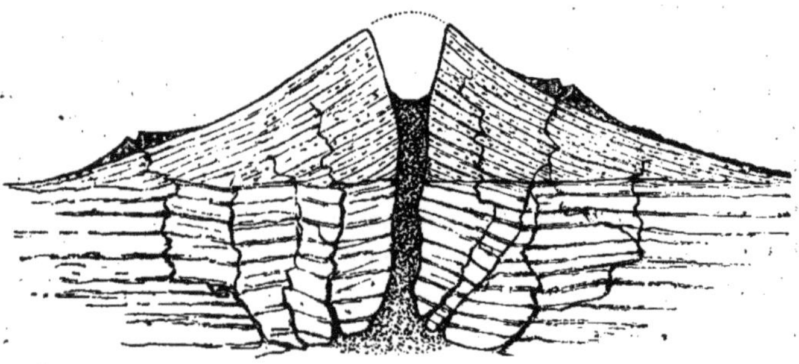

couler ou tomber sur les flancs extérieurs, pouvons-nous avoir le moindre doute sur le mode de formation des montagnes entières (Voir la *fig.* 10)?

Est-il d'une saine philosophie de se mettre à la recherche de quelque autre hypothèse plus ou moins extravagante, pour s'en rendre compte?

Solidification de la lave sur les pentes roides.

XVI. Le seul argument de quelque poids apparent mis en avant par nos adversaires est basé sur l'affirmation de M. Élie de Beaumont, qu'il donne comme le résultat de ses observations sur l'Etna et d'autres volcans, savoir : qu'aucun courant de lave ne peut, et de fait qu'on ne l'a jamais remarqué, se solidifier sur une inclinaison d'un maximum de 5 degrés, et que toutes les laves qui ont coulé sur des pentes dépassant cet angle n'ont jamais laissé d'autres traces que de simples bandes étroites sans profondeur, ou de minces croûtes scorifiées. En

3

effet, c'est sur cette assertion de M. Élie de Beaumont que MM. de Buch, de Humboldt et Dufrénoy affectent d'étayer leur opinion, que tout cône volcanique contenant des couches de lave solide, faisant des angles de 5° à 35°, *doit forcément* avoir été soulevé depuis cette solidification.

Pour ce qui est de l'Etna, je laisse le soin de combattre cette erreur à sir Charles Lyell, qui, dans le savant mémoire qu'il a lu récemment devant la Société royale, et qui a depuis paru dans les *Transactions philosophiques*, l'a amplement réfutée par ses propres observations. Mais je puis affirmer en toute confiance, que cette prétendue loi de solidification des laves est en opposition directe avec les faits les plus ordinaires, et visibles dans presque toutes les contrées volcaniques. J'ai déjà parlé des laves que j'ai vues moi-même se solidifier le long des flancs du Vésuve, *sous un angle de* 33°, dans les années 1819 et 1822, et sur lesquelles j'ai souvent marché (1). Dans les Puys de la France centrale, plusieurs des courants de lave modernes, ceux de Nugère, par exemple, de Graveneire et de Pariou en Auvergne, du mont Denise, et d'autres près du Puy, plusieurs aussi dans le Vivarais, se sont solidifiés en masses volumineuses sous des angles de 10° à 30°, tant sur les pentes extérieures des cônes d'éruption qui leur furent contemporains, que dans maint endroit de leur impétueuse descente, le long des lits escarpés des rivières qu'ils ont envahis, c'est-à-dire dans des endroits où il est impossible d'admettre la moindre idée de soulèvement. Une visite récente, faite l'été dernier (1858) dans ces contrées, me permet d'émettre cette assertion avec confiance. M. de Buch lui-même décrit les pentes rapides du Pic de Ténériffe comme étant incrustées de nombreux courants de lave vitreuse (obsidienne) (2) qu'il admet avoir été vomie près du sommet et s'être écoulée le long du cône. Une telle observation aurait dû

(1) Et l'on peut aujourd'hui observer plusieurs faits semblables dans les courants produits par les éruptions des cinq ou six dernières annéee. (Roth, Vésuve, 1858.)

(2) Canaries, p. 136.

seule suffire pour lui faire rejeter la théorie de M. Élie de Beaumont.

Ailleurs, il parle des cônes de Lanzarote qu'il admet avoir été formés par l'éruption de l'an 1730 comme ayant de massifs courants de lave basaltique, « semblables à des glaciers noirs se « précipitant du sommet à la base de chaque cône. » Il se dépeint grimpant péniblement pendant une heure et demie sur la surface roide et raboteuse de l'un de ces « cheires » avant d'arriver au bord du cratère. M. de Humboldt nous dit la même chose à propos de sa tentative pour arriver à la source du grand torrent de lave du Jorullo ; et dans les croquis qu'il en donne, le massif promontoire de basalte subit une inclinaison de plus de 35° (Voir *fig.* 1). Même M. de Beaumont est obligé d'admettre que les laves des flancs rapides de l'Etna sont produites par l'éruption. Il dit : « La croûte de l'Etna est évidemment une croûte d'éruption (1). » Ce qui est vrai, comme on peut le voir par la *figure* 11, mais ce qui est en contradiction directe avec sa théorie.

Fig. 11. Vue du sommet de l'Etna et des laves qui couvrent ses flancs du côté du Val del Bove. (D'après Sartorius de Walterhausen.)

M. de Beaumont fait la même concession au sujet du pic de Ténériffe, qu'il va même jusqu'à classer, sans doute pour cette raison, parmi les cônes d'éruption, différant en cela de M. de Buch, et, à mes yeux, sacrifiant tout à fait sa propre théorie,

(1) Mémoires, vol. 8, p. 207.

puisque les pentes du pic ont un angle d'élévation plus grand que celles du cirque extérieur ou de la masse de l'Etna (Voir *fig.* 4), ces derniers étant le produit du soulèvement, selon lui, en raison de *leurs angles d'élévation*. M. Dawin, parmi les nombreux cônes des îles Galapagos, que l'on ne peut contester comme cônes d'éruption, en décrit cinq dans l'île d'Albemarle, de 4700 à 3720 pieds de hauteur, avec des cratères d'une lieue et plus de diamètre. « C'est par dessus les bords de ces im« menses chaudières, ou près des orifices de leur sommet, que « des torrents de lave noire se sont écoulés sur leurs flancs dé« nudés. » D'après ces exemples, il est évident que la lave se solidifia en nappes, ou en couches, sous des angles fort élevés. Le docteur Junghuhn décrit aussi de nombreuses montagnes volcaniques de Java, ayant de 4,000 à 12,000 pieds de hauteur, dont les sommets ont vomi des torrents de lave trachytique ou basaltique, qui se sont durcis sur leurs flancs. Le volcan de l'île Bourbon a émis de copieux torrents de lave vitreuse, et comme on peut le voir dans les admirables gravures de l'ouvrage de M. Bory de Saint-Vincent, ils se sont solidifiés sous un angle d'au moins trente-cinq degrés. Ce cône (Voir *fig.* 12), est en

Fig. 12. Volcan de Bourbon. (D'après Bory de Saint-Vincent.)

effet formé presque entièrement de courants semblables de lave, les éruptions gazeuses ayant été peu fréquentes, et les phénomènes consistant principalement dans l'efflux d'une lave très-visqueuse et filandreuse, qui, dans quelques endroits, a formé des mamelons, ou de petits cônes de 70 à 80 pieds de haut, s'élevant sous des angles de soixante et même de quatre-vingt degrés, par le lent écoulement d'un jet de lave sur l'autre, sortant du même orifice central. Les formations d'Hawaii sont identiquement semblables, ainsi que celles des îles Sandwich, comme l'a décrit Dana. Par le fait, il y a, je crois, peu de localités volcaniques, si même il y en a, où l'on ne puisse trouver des exemples de coulées de lave incontestablement solidifiées sous des angles très-élevés.

Enfin le professeur Dana donne le croquis d'une colonne de lave en forme de bouteille, haute de 40 pieds (Voir *fig.* 13), sur

Fig. 13. Colonne de lave à Taïti. (D'après la *Géologie de l'expédition américaine*, par le professeur Dana.)

le flanc du Mauna-Loa, formée par l'efflux d'une lave qui s'est durcie *en colonne verticale*, composée de jets successifs de matière visqueuse qui s'échappaient l'un au-dessus de l'autre. Il est prouvé par là que dans certaines conditions de viscosité, la lave peut se solidifier dans une *position même verticale*, ou sous un angle de quatre-vingt-dix degrés (1). M. Dana ajoute qu'il y

(1) A dire vrai, le fait très-ordinaire de la congélation d'un liquide aussi

en a encore plusieurs exemples sur la même montagne, qui est elle-même formée en entier de semblables accumulations d'une lave très-fluide, mais prompte à se durcir, qui s'est écoulée par des éruptions successives d'un orifice central. Il désigne encore d'autres cônes de lave très-volumineux, dans l'île d'Hawaii, comme étant aussi les produits évidents de cette espèce d'ébullition *quasi tranquille;* car les éruptions des îles Sandwich sont généralement caractérisées par très-peu d'explosions rejetant en l'air des matières fragmentaires, mais plutôt par l'efflux continuel de laves qui, en se superposant et s'amoncelant, forment un cône composé presque entièrement de couches rayonnant sous un angle de vingt à quarante degrés (1). D'autres exemples (si l'on en manquait) de la congélation de lave à des angles fort élevés, se trouveraient dans les petits cônes de lave élevés par des jets successifs de vapeur sur la surface du courant vésuvien de 1834, décrits par Abich dans ses vues de l'Etna et du Vésuve (*fig.* 14).

Fig. 14. Petits cônes formés sur la surface des courants de lave du Vésuve, lors de l'éruption de 1834. (D'après Abich, vues de l'Etna et du Vésuve. Berlin, 1837.)

parfait que l'eau dans une position verticale (les glaçons) aurait dû avertir M. de Beaumont de la faiblesse de son hypothèse sur l'impossibilité de la congélation de la lave qui est un fluide bien moins parfait, sous un angle élevé.

(1) *Expédition des États-Unis*, vol. I, p. 356.

XVII. On a cherché à justifier la théorie du soulèvement par cette circonstance, que l'on trouve dans l'intérieur de certains cratères d'énormes protubérances ou mamelons de roche trachytique, que l'on suppose avoir été élevés dans un état plus ou moins solide, et avoir soulevé les couches supérieures en rangées annulaires. On en cite des exemples dans les cratères d'Astroni, des Camaldules, de Rocca-Monfina, dans les environs de Naples, dans la Caldera de Palma et dans la grande île Canarie. Cependant il n'y a aucune bonne raison de supposer que c'est la brusque saillie des masses de trachyte qui a élevé les rebords des cratères.

La lave feldspathique semble généralement, quoique pas toujours, avoir fait éruption dans un état moins fluide, plus visqueux, plus pâteux enfin que la lave augitique, et c'est pour cette raison qu'elle s'est accumulée ordinairement en plus grandes masses, prenant quelquefois la forme d'excroissances amoncelées près de l'orifice qui lui a livré passage. Les couches massives et les mamelons de trachyte du Mont-Dore et du Cantal et les phonolites du Mezen en sont de frappants exemples; et encore plus peut-être les dômes trachytiques, ou collines en forme de cloches, dans la chaîne des Puys près de Clermont. Dans ce dernier exemple il est bon de remarquer que chacune de ces collines, au nombre de cinq, s'élève tout près, ou même de l'intérieur du cratère d'un cône indubitable d'éruption, *reconnu comme tel par nos adversaires*, et composé de couches superposées de scories rejetées par l'éruption (Voir *fig.* 17 et 18, p. 45). Or, si la composition de ces cônes n'avait pas présenté d'aussi incontestables preuves de leur origine par éruption, si leur structure avait laissé la moindre excuse pour attribuer leur origine au soulèvement, nos adversaires n'eussent certainement pas manqué de les citer comme des exemples concluants de cratères d'élévation, dont les couches environnantes auraient été soulevées par la saillie en masse des mamelons trachytiques qui s'élèvent de leurs centres. Mais cela est inadmissible, puisque au contraire nous y trouvons d'irréfragables exemples de masses énormes de lave trachytique, dont l'émission a dû être dans chaque cas accompagnée d'explosions de vapeurs, d'éruptions de scories, et de la formation des cônes environnants par moyen d'accumulation. N'est-il *donc* pas plus raisonnable de croire que dans les autres exemples cités d'Astroni, des Camaldules, de Rocca-Monfina, etc., les mêmes phénomènes ont eu lieu, et que ces cônes et ces cratères, aussi bien que la lave trachytique qu'ils contiennent, sont le produit d'éruptions? Je puis, pour ma part, par suite d'observations personnelles, affirmer qu'il en est ainsi pour quelques-uns de ces cônes. Le Piperno de Pianura, dans le cratère des Camaldules, a dû évidemment, d'après la forme allongée ou lenticulaire de ses cavités vésiculaires et de ses concrétions pyroxéniques, couler comme une lave. Le trachyte d'Olibano est certainement descendu sous forme de lave le long de la pente extérieure du cône de la Solfatara, où on le voit encore arrêté sous un angle très-élevé, en une couche massive, partant du bord supérieur du cratère jusqu'à la mer et reposant sur le tuf. Dans l'île d'Ischia il y a plusieurs gros courants et mamelons trachytiques qui se sont écoulés des cratères de cônes très-récents, formés de scories et de pierre ponce. A Rocca-Monfina on voit des laves trachytiques exactement semblables à celles du mamelon central, et qui sont sorties de trois ou quatre cônes parasites en coulant sur la pente extérieure du cône principal.

XVIII. M. de Humboldt considère les grandes montagnes trachytiques, en forme de dôme, que l'on voit dans l'Amérique méridionale, comme des croûtes qui se sont gonflées tout à coup en forme d'énormes ampoules creuses, éclatant quelquefois au sommet, et dans ce cas ayant un cratère central, et quelquefois demeurant fermées (1). Mais comme le plus grand nombre de ces montagnes se composent en partie de pierre ponce en fragments, il y a là évidemment une preuve d'un grand déga-

(1) *Cosmos*, p. 224.

gement de vapeurs élastiques en dedans de la masse de lave, et d'explosions à l'air libre accompagnant ce dégagement. Et il n'y a rien dans leur apparence ou leur structure, telle qu'elle est dépeinte par M. de Humboldt lui-même ou par d'autres observateurs plus modernes, qui contredise la supposition que ces montagnes soient entièrement solides et aient toutes leur origine dans l'accumulation successive des laves et des scories vomies au-dessus de leurs orifices. On en a vu plusieurs en éruption, rejetant d'énormes quantités de pierre ponce en fragments (scories feldspathiques) et de cendres, aussi bien que des courants de ponce ou d'obsidienne semblables à ceux des cônes ou cratères qui sont le plus évidemment des produits d'éruption, tels que Volcano et Volcanello, dans les îles Lipari. D'autres aussi semblent avoir produit des courants continus de lave trachytique qui, par le refroidissement, se sont gercés en formant un chaos de blocs massifs et incohérents. Ceux-ci sont appelés « traînées de blocs, » par MM. de Humboldt et Boussingault, qui les considèrent comme ayant été rejetés dans cet état de désagrégation à travers des fissures (1). Ce serait pourtant bien plus se conformer à l'analogie des phénomènes volcaniques que de les considérer comme de véritables courants de lave. Plusieurs des courants feldspathiques du Dôme et du Velay, même de l'Etna, du Vésuve et par suite de l'Hécla, et quelques-uns des trachytes du Siebengebirge, consistent en un chaos apparent de fragments et de monceaux de blocs cubiques, détachés, produits évidents de la gerçure et du craquement de la surface de la lave qui s'est consolidée sous l'influence atmosphérique, par suite du rapide dégagement de la vapeur plus ou moins disséminée et de la chaleur qui causait sa fluidité.

Dans quelques cas connus ce phénomène de séparation en blocs, lors du refroidissement, s'étend à une telle profondeur que, dans l'absence de section, ces blocs semblent former la

(1) *Cosmos*, vol. IV, p. 310, 318.

masse entière, surtout vers les côtés et l'extrémité terminale du courant; et comme, sans aucun doute, dans leur mouvement ils se culbutaient les uns les autres, emportés par le courant inférieur de lave qui coulait encore, ils offrent nécessairement à l'extérieur l'apparence d'une traînée de blocs. L'hypothèse de M. de Humboldt, savoir : qu'ils ont été rejetés sous cette forme fragmentaire, est tout à fait gratuite, et celle de M. Boussingault, qui veut que les tremblements de terre soient causés par les secousses de semblables blocs, mobiles et détachés dans l'intérieur des montagnes comme des dés qu'on agite dans un cornet, est encore plus vicieuse (1).

Le professeur Dana dépeint la plus grande partie des champs de lave dans l'île d'Hawaii comme composée de semblables blocs détachés et angulaires de toutes formes, dont la grosseur varie du volume d'un demi-boisseau à celui d'une maison, et d'une surface excessivement accidentée et raboteuse. Il les appelle *Clinker-fields*, et attribue leur caractère particulier, avec raison, à ce que le courant de lave a été interrompu pendant la solidification de la surface par un nouveau courant ou par un mouvement intérieur qui l'aura poussé en avant (2). Telles sont aussi, pour la plupart, les laves qui remplissent la Caldera de Ténériffe, comme on peut le voir par les vues photographiques publiées par M. le professeur Piazzi Smyth.

XIX. Quelques-uns des dômes trachytiques des Cordillères (les dômes ou cloches fermées de M. de Humboldt), se sont probablement élevés en masses pâteuses ou visqueuses au-dessus de leurs cratères, comme le Puy-de-Dôme et ses mamelons accessoires. Quant à l'hypothèse qu'ils sont creux et qu'ils se sont élevés comme une vessie, elle n'est justifiée par aucun des éléments connus de leur structure, ni, comme je l'ai déjà démontré, par l'observation d'aucun phénomène semblable. Les petits mamelons de lave vitreuse feldspathique sur le sommet

(1) *Cosmos*, vol. IV, p. 170, en note.

(2) *Expédition des États-Unis*, vol. I, p. 162.

du volcan de Bourbon, étudiés et dessinés par M. Bory de Saint-Vincent, durant leur formation par l'efflux continuel d'une source de matière extrêmement visqueuse, chauffée à blanc, se solidifiant à mesure qu'elle descendait la pente extérieure, en couches concentriques, ces mamelons, dis-je, sont fort probablement les vrais types de la formation de tous les autres mamelons trachytiques (Voir *fig.* 15 et 16).

Fig. 15. Le mamelon central, colline de lave vitreuse sur le sommet du volcan de Bourbon. (D'après Bory de Saint-Vincent.)

Fig. 16. Section idéale de la vue précédente.

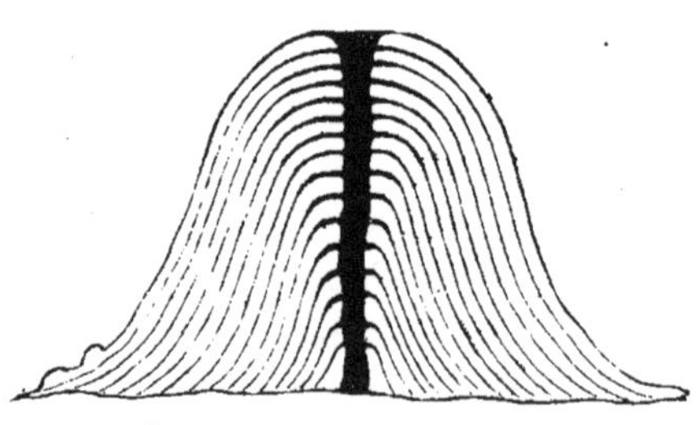

Dans les galeries creusées par les Romains dans les flancs du Puy de Sarcouy en Auvergne, j'ai cru observer les indices d'une semblable structure en couches concentriques comme les pelures d'un oignon (*fig.* 18). Les cônes formés par les volcans de boue de Macaluba en Sicile, et de Beila près de l'Indus, sont d'excellents exemples du mode probable de formation des dômes trachytiques en forme de cloche. Personne ne doutera qu'ils sont solides excepté là où se trouve un cratère, mais ils doivent être composés, si l'on en juge d'après la manière dont on les voit se former par le débordement d'une couche de boue par dessus l'autre, de couches concentriques et plus ou moins quaquaversales.

La figure 19, copiée de M. Bory de Saint-Vincent, du sommet d'un des mamelons de Bourbon, vomissant une lave incandescente, visqueuse et vitreuse, en montre l'analogie.

Là où des laves d'une liquéfaction aussi imparfaite se sont échappées simultanément de plusieurs orifices contigus sur la même fissure, les mamelons qui en sont résultés auront formé un massif allongé d'une structure plus ou moins anticlinale, ou une chaîne de dômes, ce qui est fréquemment remarqué dans les formations trachytiques (1).

La théorie du soulèvement appliquée à la France centrale.

XX. M. Élie de Beaumont et M. Dufrénoy ont appliqué leur théorie de soulèvement aux grandes montagnes volcaniques de la France centrale, au Mont-Dore, au Cantal et au Mezen. Connaissant bien ces localités que j'ai visitées dans chacune des deux dernières années et étudiées d'une manière spéciale sous le point de vue qui nous occupe, j'oserai affirmer que cette

(1) Si l'on consulte mon ouvrage sur les volcans (éd. 1825) on verra que, dès cette époque, j'exprimais presque mot pour mot (p. 96) cette même idée que, depuis, M. de Humboldt a semblé adopter pour les Cordillères. (*Cosmos*, vol. IV, p. 289, 307 ; éd. angl., 1858.) Cette hypothèse du reste est évidemment opposée à la théorie du soulèvement, comme je l'avais fait remarquer à la page 93 du même volume.

Fig. 17. Profil du puy du Grand-Sarcouy (trachyte) entre les puys de Goule et du Petit Sarcouy (cônes de scories) monts de Dôme, France centrale.

Fig. 18. Section idéale de la vue précédente.

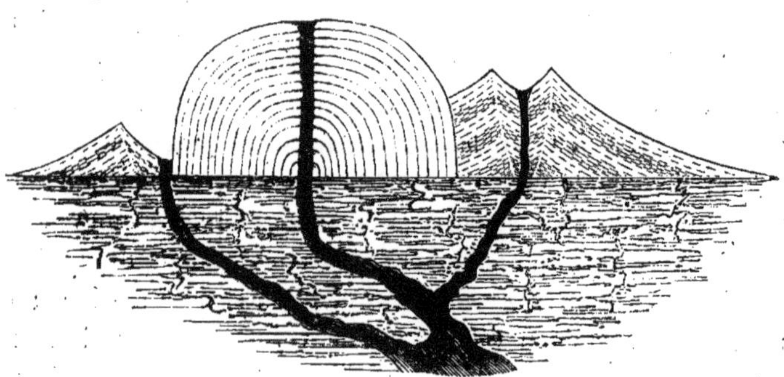

Fig. 19. Sommet d'un des mamelons de Bourbon, en éruption. (D'après Bory de Saint-Vincent.)

théorie est aussi peu justifiée par les faits, ou plutôt qu'elle leur est aussi opposée dans ces cas-là, que dans le cas de Ténériffe, de l'Etna ou du Vésuve. En effet, l'on y voit les résultats d'une série d'éruptions atmosphériques qui se sont continuées par intervalles, à travers différents orifices, pendant plusieurs périodes géologiques, à commencer de la Miocène inférieure jusqu'à l'ère moderne, et peut-être même jusqu'à la période humaine. Il est impossible de tracer une limite de séparation, quant à l'âge, entre les roches anciennes et modernes, sur les seuls indices de la constitution minéralogique. Ce n'est que par leur aspect et leur position, c'est-à-dire par le plus ou moins de dégradation et de décomposition qu'elles ont dû subir des influences atmosphériques, que l'on peut déterminer leurs âges respectifs. Ces deux indices, au reste, sont prononcés d'une façon remarquable et, ce qui est plus, se correspondent de la manière la plus évidente et la plus péremptoire. Les nouveaux ruisseaux de lave qui jaillissent de cônes parfaits de scories rougies et de pierres détachées, et dont la surface scorifiée ne nourrit encore qu'une végétation chétive, occupent les niveaux les plus bas, et pour la plupart, remplissent le fond des vallées; les nappes de basalte, au contraire, dont les scories ont presque disparu ou se sont transformées en bols argileux, ou en tufs stratifiés par l'eau, apparaissent en hautes plates-formes sur le sommet des collines. Cependant les angles d'inclinaison de ces deux classes de lave sont les mêmes. Il est même fréquent de voir une couche de lave moderne remplir le fond d'une vallée pendant plusieurs lieues, tandis que les hauteurs de chaque côté, à quelques centaines de pieds au-dessus, sont couronnées par des plateaux parallèles de basalte, descendant sous la même inclinaison dans le même sens, et des mêmes hauteurs où on trouve toujours quelque évidence d'un site d'éruption. Or ce fait s'accorde complétement avec l'hypothèse, que cette inclinaison est due simplement à ce qu'à l'état de lave tous ces produits ont coulé le long des pentes sur lesquelles ils se sont aujourd'hui arrêtés, et les différents niveaux des coulées contiguës s'expliquent par l'excavation successive des vallées et leur envahissement par les laves plus modernes, depuis l'éruption des nappes de basalte plus âgées et plus élevées qui les avoisinent. Si cependant nous devons croire que ces dernières doivent leur position au soulèvement, ce que soutiennent MM. de Beaumont et Dufrénoy, il me semble impossible de se rendre compte de la constante uniformité de leur inclinaison avec celle des laves parallèles qui, d'après ces géologues, ne doivent leur inclinaison qu'à leur seule fluidité.

Aussi il n'y a pas moyen ici d'admettre l'argument, tout faible qu'il est, que la lave ne peut se solidifier en couches épaisses sous un angle élevé, car les pentes du Mont-Dore et du Cantal, composées de trachyte et de basalte, alternant avec leurs conglomérats, n'offrent que des inclinaisons de 4° vers la base, et de 8° environ près du sommet de ces masses volcaniques. C'est aussi l'inclinaison moyenne des laves modernes des Puys. Ces dernières, M. de Beaumont et M. Dufrénoy l'admettent, doivent leur inclinaison à leur seule fluidité. Si, comme les mêmes autorités l'affirment, les premières laves dont il a été déjà parlé doivent leur inclinaison au soulèvement *seul*, ayant été préalablement dans un plan horizontal, à coup sûr, la coïncidence des angles d'inclinaison des deux espèces de lave (qui, aussi, se voient souvent côte à côte, se dirigeant dans le même sens, seulement à des hauteurs différentes jusqu'à des distances considérables de l'orifice d'éruption), cette coïncidence serait vraiment miraculeuse! Que des phénomènes d'une telle identité soient provenus de causes opposées, dans des circonstances aussi rapprochées, est tout à fait incroyable, et une telle supposition est absolument contraire aux lois du raisonnement philosophique. D'ailleurs, pourquoi ne trouvons-nous pas ces couches, si elles ont été soulevées, sous des angles de 50°, 70° ou 90° ou même verticales? Pourquoi donc affectent-elles juste cette élévation angulaire modérée, ni plus ni moins, qui caractérise les laves voisines que l'on admet avoir coulé en plein air d'orifices d'éruption, et dont la seule différence n'est qu'une origine plus moderne? On peut du reste voir une preuve certaine que les anciennes couches basaltiques qui couvrent les pentes du Mont-Dore et du Cantal ont coulé sur place sous forme de laves, dans ce fait qu'on peut toujours les retracer en montant jusqu'à un point élevé où le plus ou moins de scories, de bombes et de fragments vitrifiés, démontre que le courant a eu là sa source.

Sans poursuivre plus loin cette digression sur laquelle j'ai déjà dit peut-être plus que je ne croyais nécessaire, j'ajouterai seulement en un mot, qu'interprétée par les lois ordinaires de l'action volcanique, l'histoire des volcans de la France centrale est claire et intelligible. Le Mont-Dore, le Cantal et le Mezen sont les squelettes de trois grands volcans d'éruption, comme l'Etna ou Ténériffe, qui ont été soumis à une grande dégradation atmosphérique depuis leur extinction, et ont peut-être subi jusqu'à un certain point l'élévation générale du terrain environnant, tandis que par de nombreux soupiraux, indépendants les uns des autres, le long ou tout près de la même ligne nord et sud de la fissure souterraine présumée, d'autres éruptions isolées ont eu lieu de temps à autre, comme dans l'exemple de Lanzarote, et des autres chaînes de volcans mineurs si souvent remarqués dans le voisinage des grands centres d'éruption. Dans l'hypothèse contraire, savoir: que ces montagnes furent produites par un soulèvement subit, tandis que les cônes et les laves des centaines de soupiraux indépendants qui les avoisinaient, furent produits par éruption, hypothèse de M. de Beaumont et M. Dufrénoy, l'histoire de cette localité devient un inextricable chaos, aussi totalement inconciliable avec les phénomènes visibles, que la théorie elle-même l'est avec l'action normale volcanique, telle qu'on la voit encore se produire aujourd'hui.

Cependant, il est satisfaisant de voir que M. Constant Prévost et M. Cordier, qui tous deux ont d'abord appuyé l'hypothèse du soulèvement relativement aux volcans éteints de la France centrale, y ont totalement renoncé après une visite et une étude plus minutieuse des localités volcaniques plus récentes d'Italie.

M. Virlet et M. Hoffmann se sont aussi ralliés à cette abjuration si honorable pour ces savants.

CRATÈRES.

XXI. J'ai jusqu'ici borné mes réflexions presque entièrement au soulèvement, en tant que cette hypothèse se rapporte à la formation des cônes ou montagnes volcaniques. Il nous reste encore à parler de ce système par rapport à la formation des cratères.

Les cratères sont peut-être les traits les plus caractéristiques d'une localité volcanique. On en rencontre de toutes les dimensions; depuis la faible dépression en forme de coupe sur le sommet ou le flanc d'un cône de scories, jusqu'à la chaudière béante et profonde, bordée de précipices ou de talus plus ou moins inclinés. On les rencontre aussi sous la forme plus ou moins disloquée de rangées concentriques de rochers, seuls segments restants de ce qui était probablement une enceinte parfaite, circulaire ou elliptique, et d'un vaste plan horizontal. Tous, cependant, sont qualifiés de cratères volcaniques par les géologues de toutes les écoles, et les discussions ne portent que sur l'origine. Les partisans du soulèvement les considèrent tous, sans exception aucune, je crois, quelles qu'en soient la forme et l'étendue, comme le résultat concomitant de cette action à laquelle ils attribuent l'élévation des montagnes qui les entourent, savoir : l'explosion violente et soudaine d'un grand volume de vapeurs au-dessous de la surface. Ils comparent ce phénomène à l'explosion d'une mine ou d'une énorme vessie, ou ampoule souterraine, qui, dans son expansion de bas en haut, soulève d'abord les couches supérieures, puis s'ouvre au sommet, laissant ces couches soulevées autour des bords déchiquetés de cette ouverture. Ce sont là les expressions précises de M. de Humboldt, que j'ai citées au commencement de ce mémoire. Ce système semble forcément impliquer, surtout lorsqu'il s'agit de cratères de grande dimension, l'idée d'un affaissement, ou d'un effondrement des parties centrales de la masse soulevée, dans l'abîme ainsi ouvert. M. Dufrénoy attribue formellement à de tels affaissements après l'explosion, même les petits cratères des cônes parasites du Vésuve, qui ne sont à ses yeux que des vessies en forme de cloches, ayant éclaté au sommet. M. de Beaumont, lui aussi, attribue la formation du grand cratère du Val del Bove, sur l'Etna, à l'effondrement de la croûte de la gigantesque vessie dont le soulèvement soudain a formé l'Etna, et dont l'explosion, dit-il, a dû être à une éruption moderne, quelle qu'elle soit, ce qu'est l'explosion d'une poudrière à celle d'un pistolet (1).

XXII. Je ne veux pas répéter ici l'argument déjà cité, qu'aucune explosion isolée n'aurait pu soulever des couches solides en un anneau sans fracture, qui est la forme de la plupart des cratères. Je me contente de déclarer que je suis convaincu qu'une telle origine, attribuée à tout cratère, est une illusion, car rien de pareil n'a jamais été remarqué par des observateurs dignes de foi, et je dirai même qu'au contraire, rien n'est plus opposé à ce que l'on observe toutes les fois, en quelque lieu que ce soit, qu'une éruption volcanique a lieu, et qu'elle produit un cratère. En pareil cas, et même dans aucun cas, on n'a jamais entendu parler d'une seule explosion semblable à celle d'une mine ou vessie qui éclate, suivie de l'effondrement des roches fracassées, puis d'un repos immédiat. Je ne connais aucune tradition fondée, d'aucun pays, d'aucune époque, qui fasse allusion à une éruption aussi éphémère (2). Les explosions de vapeur une fois commencées, sont toujours *continues*, pendant des journées, des semaines, des mois, et quelquefois même pendant des années, et proviennent évidemment d'une masse

(1) Mémoire sur l'Etna, p. 192.

(2) Les exemples que l'on cite généralement à l'appui de ce prétendu phénomène sont ceux de Carguairazo en 1698, de Papadayang en 1772, et de Galongon en 1822. Dans chacun de ces exemples, il y a sans doute preuve suffisante que le sommet de la montagne fut détruit par l'éruption et remplacé par un immense abîme. Mais les explosions qui l'ont occasionné n'é-

de lave souterraine mise en ébullition violente. Cette vapeur, s'étant une fois fait jour jusqu'au grand air sur le point le plus faible d'une fissure ouverte par la force d'expansion à travers les roches supérieures, continue de se dégager par cette ouverture, graduellement, quoique avec une violence terrible, de la même manière que le ferait la vapeur d'une machine à haute pression, de dimensions énormes et d'une force latérale infinie, lorsque la soupape ou une fissure accidentelle s'est ouverte. C'est ainsi, et non pas comme une chaudière qui éclate, vomissant toute sa vapeur à la fois, ou comme l'explosion d'une mine de poudre, que le phénomène a lieu. Enfin ce n'est pas une seule explosion, mais la répétition continuelle d'explosions ou d'*éructations* multipliées, causées par les décharges ascensionnelles successives d'innombrables bulles de vapeur, d'une tension élastique énorme, qui caractérise une éruption, et c'est par *cette action continue* que la masse solide des rochers qui obstruent l'orifice, se trouve fracassée et rejetée, non pas d'un seul coup, mais par degrés; une certaine quantité des fragments s'accumulent autour de l'ouverture, d'autres retombent sans cesse dans le cratère, et sont revomis jusqu'à ce qu'ils soient réduits par la friction en lapillo (c'est-à-dire en scories globulaires ou roulées), ou même en poussière impalpable que le vent emporte à d'énormes distances. C'est là le procédé qui, pour ainsi dire, éventre la montagne, laissant à la fin de l'éruption, lorsque l'ébullition a perdu sa force, cette ouverture circulaire ou ovale, bordée d'un anneau de rochers en pente rapide ou même à pic, qui est l'apparence habituelle et bien connue des plus grands cratères. Ceux-ci sont généralement d'une dimension proportionnée à la violence et à la durée de l'éruption, et bien certainement, proportionnée à la quantité de matières rejetées et répandues sur les pentes environnantes ou les surfaces adjacentes de terre ou de mer.

taient pas isolées comme celle d'une mine, et par conséquent suivies de l'effondrement du sommet dans un abime souterrain, mais elles continuèrent pendant des mois; les fragments du sommet rejetés *en haut*, couvrirent les localités environnantes à d'immenses distances.

XXIII. Quant à moi je puis, peut-être, concevoir plus nettement que beaucoup d'autres la formation d'un grand cratère volcanique, ayant eu l'insigne bonne fortune de voir, je dirais même d'observer de près, pendant toute sa durée, la plus violente éruption qui, de mémoire d'homme, soit arrivée en Europe ; je veux parler de l'éruption du Vésuve en octobre 1822. Les explosions continuelles et rapides, trop rapides même pour être comptées, vomissant des colonnes de scories et de matière fragmentaire de plusieurs mille pieds de haut, durèrent pendant vingt jours, et au bout de ce temps, il se trouva qu'elles avaient percé à travers le noyau jusque-là solide de la montagne, un abîme circulaire, abrupte, de quatre kilomètres de tour, et de plus de 1000 pieds de profondeur, quelques observateurs (entre autres M. Forbes) disent 2000.

La masse de matières volcaniques expulsées de cette cavité, ainsi qu'une grande partie de ce qui formait auparavant le sommet extérieur du cône (qui après l'éruption se trouva être réduit de 600 pieds au moins) avait complétement sauté en l'air. Les éructations consistaient en décharges incessantes de vapeur d'eau qui, avec des détonations assourdissantes et accompagnée d'une noire fontaine ou jet prodigieux de pierres, de scories et autres fragments solides, s'élevait à une hauteur d'au moins 10,000 pieds, en forme de colonne composée, à ce qu'il semblait, de globes distincts de vapeur qui, poussés en haut par une énorme pression, roulaient les uns sur les autres comme de grosses boules de coton blanc, selon que la résistance de l'atmosphère réprimait leur ascension, tandis que de nouvelles décharges du cratère leur donnaient une nouvelle impulsion. A l'extrême hauteur de la colonne la vapeur se dispersait latéralement et reproduisait exactement le fameux *Pin* de l'éruption de l'an 79 décrit par Pline le Jeune (*V.* le frontispice).

Chaque globe de vapeur était évidemment quelque grande bulle qui avait traversé la lave fondue le long de la cheminée du volcan et éclatait à l'air libre. C'était exactement semblable à une succession continue de décharges de quelque colossal mortier à vapeur, comme ceux de Perkins, situé dans l'axe de la montagne. C'est à la pression, égale en tous sens, de l'énorme force d'expansion de ces jets de vapeur, qu'était due, sans aucun doute, la forme circulaire du cratère ou soupape de décharge, graduellement forée par cette gigantesque artillerie à travers le cœur de la montagne, par suite des continuelles décharges provenant d'une source de plus en plus profonde, à mesure que la surface de la lave bouillante descendait dans le cratère. Par degrés cependant, les explosions diminuèrent en force et en nombre, jusqu'à ce qu'enfin la tension de la vapeur qui alors éclatait sourdement au fond du cratère sembla ne plus avoir la force de rejeter au-dessus du bord la masse de fragments et de cendres menues qui y retombèrent, et par leur accumulation étouffant les explosions terminèrent l'éruption.

C'est là ce que j'ai vu de mes yeux en 1822 et c'est ainsi, je le crois, que se forment toujours les grands cratères volcaniques, et non pas par une seule explosion comme celle d'une mine, ainsi que l'ont imaginé les partisans du soulèvement.

XXIV. La masse de matière fragmentaire rejetée durant l'éruption fut, pour la plus grande partie, triturée par ces vomissements répétés en cendre fine qui fut emportée à d'incalculables distances par les vents, ou balayée le long des flancs de la montagne en torrents de boue par les pluies diluviennes qui suivirent l'éruption. Sur les flancs du cône lui-même, les scories et les fragments plus gros s'accumulèrent en abondance. Plusieurs de ces fragments qui tombèrent du côté d'Ottaiano, sur le flanc oriental, mesuraient 30 pieds et plus de circonférence et pesaient plusieurs tonnes; mais l'épaisseur moyenne de la couche de fragments que cette éruption répandit sur toute la surface de la montagne ou dans un rayon de 5 milles, ne dépassa pas 2 pieds. A Naples, à 15 milles de distance, la cendre ne tomba que sur une épaisseur d'environ un demi-pouce, quoique le vent la poussât dans cette direction. D'après cette observation, je fus conduit à réfléchir sur les dimensions bien autrement grandes des cratères formés dans d'autres localités volcaniques par des éruptions plus véhémentes encore et dont nous possédons des relations d'une inattaquable véracité.

Prenons, par exemple, l'éruption de Coseguina dans le golfe de Fonseca (Amérique centrale) en 1835, dont les cendres furent épaissement disséminées à la distance de 700 milles (935 kilomètres), pendant que dans un rayon de 25 milles (33 kilomètres), le sol était couvert jusqu'à 10 pieds de hauteur de fragments qui enterraient les maisons et les bois! Celle de Sangay, dans les Cordillères de l'Amérique méridionale en 1842-1843, dont les cendres noires couvrirent les alentours à la distance de 12 milles (16 kilomètres) d'une couche de 3 à 400 pieds d'épaisseur (Sébastien Wiss)! Celle de Tunguragua, autre volcan de Quito, dont les éruptions de 1797, de boue, c'est-à-dire de cendres mêlées avec de la neige fondue ou de l'eau d'un cratère-lac, remplirent des vallées de plusieurs milles de longueur sur une largeur de 1000 pieds, à une hauteur de 600 pieds; celle de l'Altar, aussi près de Quito, dont l'éruption, antérieure à la découverte de l'Amérique, dura, si l'on en croit M. Boussingault, au moins huit ans et couvrit une plaine immense des débris de ce qui était un cône trachitique énorme plus haut que le Chimborazo! Celle de Pichincha, en 1534, qui couvrit l'armée de Cortez de cendres à une distance de cinquante lieues; celle d'Arequipa, au Pérou (1600), dont les déjections ensevelirent le bétail et les maisons de trente à quarante lieues aux alentours! Celle enfin de Tomboro, dans l'île de Sumbawa qui en 1815, pendant quatre ans sans discontinuer, vomit des scories et des cendres en telle abondance qu'elles enfoncèrent les toits des maisons à 40 milles (52 kilomètres) de distance, et furent enlevées à plus de 300 milles (400 kilomètres) en quantité assez grande pour obscurcir le ciel, pendant que les cendres et ponces flottantes à l'ouest de Sumatra formèrent une île de 2 pieds d'épaisseur et de plusieurs milles d'étendue à travers laquelle les bâtiments eurent bien de la difficulté à se frayer un passage (1). Que l'on se demande donc quelle doit nécessairement être la dimension des creux (c'est-à-dire des cratères) résultant de la violente expulsion de ces épouvantables quantités de matières, du centre d'une montagne, et je pense que l'on verra sans peine que les dimensions des plus grands cratères connus (3 ou 5 milles de diamètre ou même davantage), tels que les anneaux extérieurs de Santorin, de Santiago, de Bourbon ou autres, ne dépassent pas celles que l'on pourrait attendre de tels phénomènes, qui sont, en effet, l'évacuation et la dispersion au loin de toute la masse centrale de la montagne. Aussi l'occurrence de temps en temps d'éruptions volcaniques d'une effrayante violence et produisant une telle quantité de déjections étant un fait reconnu, il n'est point nécessaire de recourir à l'hypothèse, soit du soulèvement circulaire de couches auparavant horizontales, soit de l'affaissement ou de l'effondrement du sommet des montagnes pour expliquer la formation de semblables cratères. Il va sans dire que, où ces cratères ont été exposés à l'action de la mer ou des courants, comme dans les îles volcaniques, ou des torrents provenant de la fonte subite des neiges ou des glaciers intérieurs, ils peuvent avoir été agrandis par ces causes de dégradation, comme le suppose sir Charles Lyell (2); mais ici je ne m'occupe que de leur formation originelle.

XXV. La grande éruption du Vésuve en 79, appartenait évidemment à cette catégorie d'explosions paroxysmales. Il est singulier que M. de Buch, qui suppose que le cône entier du Vésuve a été soulevé en bloc à cette époque, n'ait pas com-

(1) Lyell, *Principes*, p. 464 et suiv. Sir John Herschel dans l'article : *Géographie physique de l'Encyclopédie britannique*, a calculé que la quantité de ponces, cendres et pierres, rejetée par l'éruption de Tomboro (Sumbawa) en 1815, suffirait pour couvrir toute l'Allemagne (c'est-à-dire une surface de 284,000 milles carrés) sur une épaisseur de deux pieds, ce qui remplirait un cratère de mille pieds de profondeur et de huit lieues de diamètre!

(2) *Quart. Journ. geol. Soc.*, vol. IV, p. 205.

pris que tous les phénomènes rapportés par Pline le Jeune, ainsi que tous leurs résultats, visibles encore aujourd'hui, sont d'un caractère tout à fait opposé à ceux qui accompagneraient ou suivraient le soulèvement de couches élastiques ou solides en une élévation creuse. Ces violentes et continuelles explosions, cet immense *pin de vapeur* qui s'élevait de la montagne, cet épais nuage de cendres qui obscurcit l'atmosphère, cette pluie intarissable de pierres et de scories, si abondante qu'elle enterra trois villes populeuses sous une accumulation de matière fragmentaire de 15 à 150 pieds d'épaisseur; tous ces phénomènes sont l'indice d'une éruption violente et prolongée, et nullement d'un soulèvement. Il semble évident que la moitié méridionale de la circonférence de l'ancien cratère fut, dans cette circonstance, lancée en l'air, et c'est aux produits de cette éruption que sont dues, selon toute probabilité, ces couches épaisses de tuf incohérent ou de cendre de ponce qui rayonnent autour des pentes extérieures de la Somma, et même s'y élèvent à une certaine hauteur, en remplissant de profonds ravins qui s'y trouvaient. Il n'y a pas de raison pour considérer ces tufs comme des alluvions maritimes, ainsi que les appelle M. Dufrénoy. On n'y peut trouver aucune différence avec les tufs qui ont couvert Herculanum et Stabies, avec lesquels ils forment continuité. C'est ce qu'a depuis longtemps fait remarquer sir William Hamilton. Il y a même lieu de croire que, jusqu'à la distance de Naples, les cendres vomies par cette éruption tombèrent sur une épaisseur de plusieurs pieds. Dans une section derrière les Studii, dans cette dernière ville, j'ai observé un dépôt de ponce stratifiée et de lapillo de 6 à 10 pieds d'épaisseur, par-dessus un sol meuble dans lequel étaient de nombreux tombeaux et autres restes des périodes grecques et romaines. Ce dépôt date probablement de l'éruption de 79 (1).

L'énorme profusion de fragments rejetés par le volcan a dû (ainsi que je l'ai fait remarquer dans mon mémoire lu en mars

(1) Voir la planche des *Trans. géologiques*, 2e sér., vol. II, part. 3e, p. 341.

1827) laisser une cavité proportionnée dans la montagne, et si l'on considère que les éruptions analogues, quoique sur une bien moindre échelle, de l'année 1822, qui ont complétement évidé le cône du Vésuve par un cratère d'un mille de diamètre, ne couvrirent de leurs cendres la base du cône qu'à la hauteur d'environ un pied, et à Naples, d'un demi-pouce seulement, on peut raisonnablement supposer que le cratère formé en 79 a dû être bien plus grand que celui de 1822, eu égard à la proportion plus grande de matières rejetées. Je dirai même que le cratère de la Somma, qui mesure environ trois milles (4 kilomètres) de diamètre, est plutôt en deçà qu'au delà de ce qu'il devrait être si nous en reportons la formation à l'année 79.

XXVI. L'hypothèse de l'effondrement du sommet d'un volcan, par suite de l'affaissement dans un gouffre au-dessous de ce qui n'était qu'une croûte ou voûte creuse, va directement contre les phénomènes distinctifs des éruptions volcaniques, qui ne sauraient concorder avec l'existence d'un vide semblable immédiatement au-dessous de la montagne. Ces éruptions semblent attester, au contraire, une pléthore pour ainsi dire, et une surabondance de matières solides, aussi bien que fluides ou gazeuses, qui luttent pour se frayer un passage. Ce débouché ouvert, le volcan continue à rejeter l'excès de son contenu jusqu'à ce que cette pléthore soit réduite, et que la force de répression consistant dans le poids et la résistance de la masse supérieure, ainsi que dans la pression atmosphérique dont il faut aussi tenir compte, reprenne sa puissance et arrête toute décharge ultérieure. C'est là un concours de circonstances diamétralement opposées à ce qu'imaginent nos contradicteurs, c'est-à-dire un grand vide intérieur capable d'engloutir d'un coup toute la croûte supérieure de la montagne.

Sans doute il faut le dire, lorsque par suite de quelque éruption paroxysmale, un cratère profond s'est formé dans l'axe d'un volcan, entouré par des rebords verticaux de roches plus ou moins fracturées, formant pour ainsi dire la coquille évidée, ou croûte latérale du cône ainsi creusé, un violent tremblement de terre peut ébranler une grande partie de cette fragile clôture, et la précipiter dans les profondeurs de l'abîme, faire perdre au cône pareille proportion de sa hauteur, élargir l'embouchure et remplir partiellement le cratère. Cet accident semble être arrivé au Vésuve en 1761, si l'on en croit Hamilton; mais un tel événement n'a aucune ressemblance avec l'effondrement d'un dôme soulevé, tel que l'imaginent nos adversaires.

XXVII. Il n'est pas improbable non plus que quelques-uns des petits cratères-lacs, tels que la Cisterna du Piano del Lago, sur l'Etna, les Maare de l'Eifel et les lacs Pavin (20),

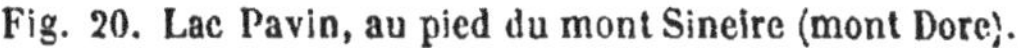

Fig. 20. Lac Pavin, au pied du mont Sineire (mont Dore).

s. Scories. *b.* Basalte.

Thavana et autres de la France centrale, sur les bords desquels on ne trouve qu'une quantité peu considérable de scories et de fragments volcaniques, doivent leur origine à de violentes explosions de courte durée, provoquées par une accumulation locale de vapeurs, et qu'à la suite de ce dégagement la masse des couches supérieures a pu s'affaisser dans la cavité formée par ces explosions. Plusieurs de ces petits cratères ont évidemment été percés à travers des roches préexistantes, de granit, d'argile schisteuse ou de basalte, dont on voit quelques débris aux environs, mais aucun des exemples que je connais n'indique le moindre bouleversement, soulèvement, ou même dérangement des couches de ces roches immédiatement autour des cratères, et en tous cas, il n'y a aucune apparence de soulèvement en forme de cône ou de dôme. Les scories et autres fragments qui environnent ces cratères sont disposés en talus quaquaversaux comme d'ordinaire, mais sans rapport avec les rochers à travers lesquels l'éruption s'est fait jour. Ces rochers ont toujours conservé leur première position, quelle qu'elle fût, autour de la cavité qui s'est déclarée au milieu d'eux. Il y a plus, cette catégorie de cratères ne peut aucunement confirmer l'hypothèse du soulèvement, puisque nos adversaires les admettent comme ayant leur origine dans l'éruption (1).

Une autre espèce de cratère est celle qui se rencontre souvent dans les îles Sandwich, et dont Kilauea est le meilleur exemple. Là où un cône s'est formé par le débordement continu d'une lave très-fluide s'échappant toute bouillante d'un orifice central, si les flancs de ce cône cèdent à la pression hydrostatique de la colonne intérieure ou à toute autre cause, et qu'il se déclare une fissure à travers laquelle l'intérieur du cône se vide, par des issues ouvertes à un niveau inférieur, de presque tout son contenu, dans ces circonstances il se forme, par suite de l'affaissement de la couche liquide, une cavité circulaire ou elliptique, entourée de roches perpendiculaires, dans lesquelles on voit apparaître plusieurs étages qui marquent les différentes phases du phénomène.

Ceci encore est évidemment une action tout à fait distincte du soulèvement; elle lui est même directement opposée (2).

(1) *Cosmos*, vol. IV, p. 230.

(2) Le professeur Dana pense qu'il n'y a point de limite à l'étendue des cratères formés de cette manière et que les cratères de la lune appartiennent à cette catégorie. Mais les cratères lunaires ne sont pas entourés de précipices abruptes; ils ressemblent, d'aspect et de configuration, aux cratères de tuf des champs Phlégréens, qui doivent leur origine à des explosions sous une eau peu profonde. Cependant l'on peut, de cette remarque, déduire l'importance d'une théorie sur la formation des cratères, pour l'astronomie aussi bien que pour la géologie. Cette remarque m'a été faite, il y a trente-cinq ans, par le célèbre astronome, sir John Herschell, en examinant ma carte des champs Phlégréens de Naples. J'ajoute que l'on peut supposer que la largeur comparative des cratères lunaires est due au peu d'énergie de la

CRATÈRES CONCENTRIQUES.

XXVIII. Un des caractères les plus remarquables et les plus intéressants des cratères volcaniques, est leur fréquente position l'un dans l'autre, en cercles plus ou moins concentriques. Dans un précédent mémoire d'avril 1856, j'ai rappelé l'histoire du Vésuve durant les cent dernières années, et j'ai montré que, dans ce court espace de temps, le cône n'a pas été moins de cinq fois totalement évidé par des explosions paroxysmales. Les cratères qui en résultèrent furent autant de fois remplis par l'accroissement progressif des cônes mineurs formés dans leur intérieur par l'éruption de laves et de scories rejetées dans les intervalles de ces paroxysmes. J'ai appelé, et j'appelle encore, vu l'importance spéciale de l'objet, l'attention des géologues sur ces alternatives de remplissage et d'évacuation, plusieurs fois répétées, du cratère central d'un volcan, comme sur une conduite normale, ou loi générale de l'action volcanique. C'est à cette loi qu'est due la rencontre si fréquente dans les localités volcaniques d'un ou plusieurs cônes ou cratères en dedans d'une rangée circulaire de rochers ou d'une portion d'une telle rangée, « ruines basales, » comme M. Darwin les appelle justement, des cônes antérieurs plus volumineux et détruits en partie par des éruptions primitives. En outre du Vésuve et de la

Fig. 21. Le Vésuve, vu de Sorrente.

Somma (*fig.* 21), on peut encore mentionner comme exemples :

force de gravité à la surface qui n'est à celle qui s'exerce à la surface de la terre, que dans la proportion d'un à six.

Santorin, dans l'Archipel grec; Barren-Island, dans la baie du Bengale; Bromo, dans l'île de Java, décrit par M. le professeur Jukes; Sainte-Hélène, Santiago, par M. Darwin; le pic de Fogo, aux îles du Cap-Vert; le cirque de Ténériffe (*fig.* 4), dans l'intérieur duquel s'élèvent le Pic et Chahorra; le Curral de Madère, l'amphithéâtre de Bourbon (*fig.* 22); Antuco, au

Fig. 22. Volcan de Bourbon, vu de l'amphithéâtre. (D'après Bory de Saint-Vincent.)

Chili; Irasu, à Costa-Rica; le Campo-Bianco et l'île de Volcano, dans les îles Lipari (*fig.* 23 et 24), et bien d'autres encore.

Fig. 23. Vue de Volcano et de Volcanello, îles Lipari.

Dans tous ces exemples, les cercles extérieurs ainsi que les cônes et les cratères intérieurs sont presque tous considérés, cela va sans dire, par les partisans du soulèvement, comme des cratères d'élévation; mais seulement parce que, comme je crois

Fig. 24. Plan des mêmes.

l'avoir démontré, ils n'ont aucune idée nette ou correcte des éruptions qui ont donné naissance à ces cratères, ou même à tous les autres (1).

(1) Peut-être l'exemple le plus frappant de ce genre se trouve-t-il aux environs de la ville d'Auckland, dans la Nouvelle-Zélande. Cette localité a été étudiée par le docteur Hochstetter, géologue attaché à l'expédition de la frégate autrichienne *la Novara*. Des dessins et des cartes en ont été dressés par un artiste distingué, M. Heaphy, qui les a récemment communiqués à la Société géologique de Londres, accompagnés d'un mémoire descriptif. Il paraîtrait que sur une surface d'une vingtaine de milles de diamètre, il s'est formé plus de soixante cratères de tuf, par suite d'éruptions à travers un sol tertiaire à strates horizontales. Chacun de ces petits volcans a donné naissance à sa coulée propre de lave. L'intérieur de ces cratères (qui ressemblent beaucoup à ceux des champs Phlégréens) est ordinairement rempli par un lac ou un marais, c'est-à-dire, un lac desséché. Du centre de plusieurs de ces bassins s'élève un petit cône secondaire ayant aussi son cratère. Les couches de tuf qui composent les parois extérieures des cratères sont, comme d'ordinaire, en sens quaquaversal. Elles ont évidemment été formées, la plupart du moins, à divers intervalles, et par des éruptions sous-

XXIX. Il est, à vrai dire, singulier de voir combien cette théorie a aveuglé ses adeptes sur les faits les mieux attestés concernant même le Vésuve, ce volcan le plus rebattu et le plus fréquenté des volcans de l'Europe, dont la position, en vue des somptueuses résidences de Naples, a permis de le visiter et de l'explorer plus que tout autre. Cette école semble ne tenir aucun compte des nombreux et considérables changements bien avérés, subis par le cône et par ses cratères, même de mémoire d'homme, dont j'ai déjà parlé, et dont quelques phases de dates antérieures ont été si admirablement décrites dans l'ouvrage de sir William Hamilton, témoin oculaire de 1768 à 1800, période

Fig. 25. Sommet du Vésuve en 1774, avec cônes concentriques. (Tiré des Champs Phlégréens de sir W. Hamilton.)

durant laquelle il résida toujours à Naples, et étudia continuellement le volcan (*fig.* 25 et 26).

marines, comme celles des champs Phlégréens, et le terrain entier a subi, et même subit encore, un certain soulèvement depuis le commencement de l'action volcanique. M. Hochstetter, sous la malheureuse influence de la théorie que nous combattons, n'a pas manqué de considérer ces cratères comme le produit du soulèvement en vessie, tout en reconaissant cependant que les cônes intérieurs, et ceux qui ne contiennent pas de cône secondaire sont des produits de l'éruption.

(Voir le *Geologist*, mai 1860, n° 29, p. 196.)

Les partisans du soulèvement semblent ignorer qu'à des époques plus rapprochées de nous, quelques années avant 1822, le

Fig. 26. Sommet du Vésuve en 1777. (D'après le même.)

Vésuve n'avait point de cratère, et ne laissait voir sur son sommet tronqué qu'une raboteuse plate-forme sur laquelle de temps à autre s'élevaient des cônes parasites, formés et souvent détruits, et reformés de nouveau par de faibles éruptions, tandis que des torrents de lave s'en échappaient et allaient se durcir sur les flancs du cône. Ils ne semblent même pas se douter que les explosions de 1822 démolirent complétement le sommet du cône et toutes ses excroissances, le réduisant de 600 et même de 800 pieds (1), et remplaçant la plate-forme solide par un cratère d'un mille de diamètre et d'une énorme profondeur. Cet immense abîme fut à son tour comblé en quelques années par des éruptions subséquentes, venant du fond, et depuis il a été vidé et rempli de la même manière plus d'une fois (2) (*fig.* 27). En présence de faits aussi patents on est surpris de voir M. de Humboldt endosser le singulier aphorisme de M. de

(1) Le réduisant de 4.200 pieds à 3.400 au-dessus du niveau de la mer. (Forbes.)

(2) Voir mon Mémoire sur les cratères. *Journ. de la Soc. géol. de Londres* (1856), p. 335-336.

Buch, que le Vésuve n'a pas du tout changé de hauteur ou de volume depuis l'an 79 de notre ère, et attribuer sérieusement

Fig. 27. Section du Vésuve et de la Somma avant et après l'éruption de 1822. (Les lignes plus faibles indiquent la section enlevée par l'éruption.)

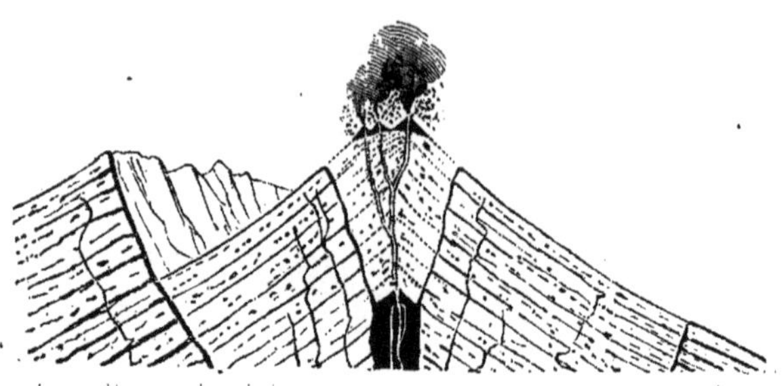

les différences avérées, soit à des inexactitudes d'arpentage, soit à son élévation intérieure en masse, c'est-à-dire à des soulèvements répétés du cône entier (1).

Il est singulier que les géologues du siècle dernier : Hamilton, Breislak et Spallanzani, aient eu sur l'action des volcans des idées bien plus en harmonie avec la vérité que n'en ont aujourd'hui des autorités aussi graves que MM. de Humboldt, de Buch, de Beaumont et Dufrénoy.

RÉCAPITULATION.

XXX. Mon argument est donc que la théorie des cratères d'élévation, ou de soulèvement, telle qu'elle est appliquée aux volcans par MM. de Humboldt, de Buch, de Beaumont et Dufrénoy, et jusqu'à un certain point appuyée par le docteur Daubeny et le professeur James Forbes, et plusieurs auteurs de traités populaires sur la matière, est inconciliable avec les apparences qu'elle prétend expliquer, et entièrement hypothétique, de tels phénomènes n'ayant jamais été vus; tandis qu'au

(1) De Humboldt, *Tableaux de la nature*, 1829. *Cosmos*, vol. IV, p. 346.

contraire il n'y a dans la forme, dans la structure ou dans la composition d'aucun des cônes ou des cratères auxquels s'applique cette théorie, rien qui défende de supposer qu'ils doivent leur origine aux phénomènes simples et ordinaires, et parfaitement compréhensibles, des éruptions volcaniques, telles qu'elles ont été vues et observées par des hommes compétents, aussi bien de nos jours qu'à des époques antérieures.

XXXI. On voit de telles éruptions, lorsqu'elles éclatent à de nouveaux endroits, rejeter d'une ouverture ignivome, par l'explosion violente et répétée des vapeurs élastiques, d'immenses quantités de scories, de blocs et de cendres qui, en tombant, s'accumulent en collines coniques, ayant généralement une dépression circulaire à leur faîte, dont j'ai déjà expliqué la cause. Les couches qui composent ces mamelons ont toujours, comme conséquence forcée de leur mode de formation, une disposition quaquaversale extérieure, et quelquefois aussi concentrique et anticlinale. Et l'on peut s'attendre à voir, et cela s'est vu en effet, cette disposition avoir lieu, quand l'éruption a été sous-marine, aussi bien que quand elle a été atmosphérique, tout en tenant compte cependant des modifications causées par le poids et la résistance des eaux supérieures ou par l'action des courants et des flots. La lave qui s'échappe pendant ces éruptions, prend un cours déterminé par sa fluidité, sa pesanteur spécifique et la forme des surfaces avoisinantes; lorsque la fluidité et la pesanteur spécifique sont considérables, comme celles de la lave basaltique d'un grain très-fin, et que le niveau est favorable, elle s'étend en larges nappes et s'écoule à de grandes distances, en couches de peu de profondeur relative; lorsque la fluidité est moins parfaite, elle s'accumule en couches épaisses près de l'orifice d'éruption; enfin lorsqu'elle est à son minimum (comme dans le cas des trachytes spongieux ou poreux, ou à un haut degré de vitrification et par conséquent de viscosité), elle s'accumule au-dessus de l'orifice en mamelons, ou masses en forme de cloches, exactement comme tout liquide visqueux en ébullition, tel que la pâte, se fige en protubérances massives au-dessus de la crevasse par laquelle il aura pu s'échapper du vase qui le contenait.

Là où des éruptions ont habituellement ou fréquemment lieu par la même ouverture, il est visible combien la répétition d'un tel phénomène doit contribuer à la formation d'une excroissance affectant une forme conique, composée de produits accumulés, massifs ou en fragments, et disposés avec plus ou moins de régularité, selon les influences de l'atmosphère, ou quelquefois des courants de mer auxquels ils auront été exposés pendant ou entre les éruptions, et ayant des dimensions déterminées par le degré de fluidité des laves expulsées et l'abondance et la nature des autres produits. Souvent il arrive que, par suite de l'obstruction du soupirail central, des éruptions de laves ou de scories, ou même de toutes les deux, se sont fait jour sur les flancs inférieurs ou à la base du volcan ; dans ce cas, la forme de celui-ci se modifie à proportion, aussi bien que sa structure intérieure, selon la grandeur et l'irrégularité de ces accrétions à sa masse inférieure. Quelquefois une éruption paroxysmale s'ouvrira un énorme cratère à travers le noyau de la montagne ainsi formée, en emportera le sommet et la nettoiera complétement, ne laissant qu'un cône tronqué, et même qu'un rudiment de la base, comme les racines d'un tronc d'arbre creux, entourant en tout ou en partie la cavité que de subséquentes éruptions de l'intérieur n'ont pu encore remplir.

Quelquefois deux ou trois de ces cônes ou cratères concentriques se forment successivement l'un entourant l'autre, autour d'un orifice commun, ou bien, il arrivera que l'orifice habituel aura été si hermétiquement scellé par la solidification de la lave qu'il contient, ou par l'accumulation de ses produits, que les éruptions postérieures ont dû s'ouvrir une nouvelle voie par un autre côté ou par quelque fissure nouvelle. L'axe central de la montagne change alors de place et engendre une figure elliptique, peut-être un double cône, et d'autres irrégularités dans la forme extérieure et la structure intérieure de la montagne.

En pareil cas, les couches du nouveau cône se déposeront d'une manière disparate sur celles de l'ancien, comme on le voit sur le mont Etna (1). Il doit en être de même pour les moindres cônes de scories, produits d'une seule éruption, lorsque la position du cratère a été légèrement altérée, ainsi qu'on peut le voir dans le joli exemple du Puy-Pariou en Auvergne (*fig.* 28 et 29).

Fig. 28. Section du double cône de Pariou. (Monts de Dôme, France centrale).

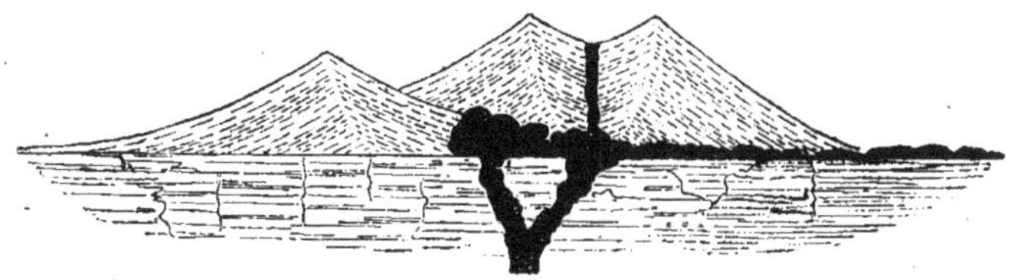

Fig. 29. Plan du même.

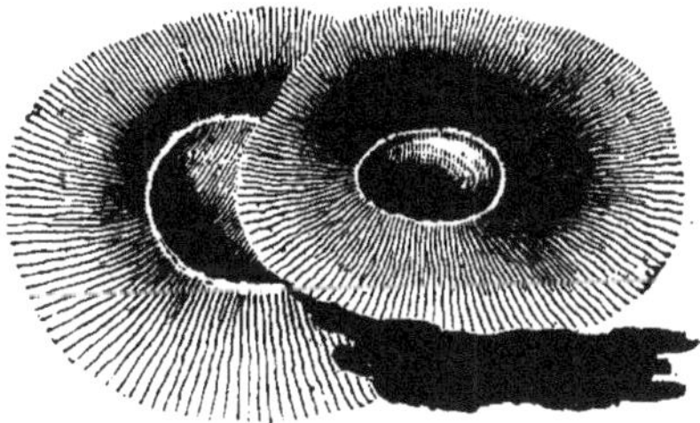

Ce que je maintiens est que, en tenant compte de ces circonstances, qui ont toutes été vérifiées par l'expérience la plus incontestable, il n'y a rien dans la forme, la structure ou la conformation minéralogique des volcans observés jusqu'ici, qui ne puisse être expliqué par les lois simples, compréhensibles et normales de l'action volcanique, telles qu'elles ont été formulées plus haut. Il n'y a donc par conséquent aucune nécessité de supposer le soulèvement subit en vessie de couches préalablement horizontales, pour expliquer la formation de même une

(1) Voir les descriptions récentes de M. Abich et de Sir Ch. Lyell.

seule de ces montagnes, bien moins de toutes, ou de presque toutes, celles auxquelles nos adversaires persistent à appliquer leur théorie.

XXXII. Il va sans dire que l'on n'a pas l'intention de nier (au contraire c'est un principe dans la théorie que nous soutenons), que les parties centrales d'une montagne ignivome subissent de temps à autre un certain dérangement, et même un certain degré d'élévation absolue dans le cours de son accumulation progressive. Ce degré correspond, comme je l'ai dit dans mon Essai sur les volcans de 1826, et encore en 1827, au nombre et à la masse des filons (dykes) que l'on voit pénétrer les diverses couches, surtout dans le voisinage de l'orifice habituel d'éruption, par suite du remplissage par la lave des fissures qui se sont déclarées lors des ébranlements ou oscillations locales dont chaque éruption est plus ou moins accompagnée. Mais cette croissance ou expansion intérieure est insensible en comparaison de l'augmentation causée par l'accumulation extérieure, et qu'il en a toujours été ainsi, est de toute évidence si l'on considère la masse proportionnée des couches de lave et de conglomérat, et des filons qui les traversent, partout où l'intérieur d'un volcan a pu se trouver exposé aux regards. Pour tout dire en un mot, cette élévation partielle s'est faite graduellement par une succession multipliée de coups, et accompagnait toujours l'*accumulation graduelle*, en dehors, en mantelet, des couches inclinées, massives ou fragmentaires, produites par les éruptions répétées du volcan. Aussi rien ici ne correspond à la théorie d'un soulèvement isolé, subit et simultané d'une telle montagne par un gonflement en forme de vessie, que MM. de Humboldt, de Buch, de Beaumont et Dufrénoy nous donnent comme le mode normal de la formation d'un volcan.

XXXIII. La confirmation de leur doctrine se trouve encore moins dans l'élévation en masse des surfaces étendues sur laquelle les produits volcaniques auraient été préalablement accumulés. Que ce phénomène se soit produit souvent, personne n'en doute; témoins par exemple la côte occidentale d'Italie en entier, la base sous-marine de l'Etna, de Ténériffe (1), de Madère et plusieurs autres îles ou localités volcaniques. Cependant, il est remarquable que, dans l'intérieur des continents où les soulèvements en masse ont eu lieu sur la plus grande échelle, il ne soit arrivé que peu, ou même pas d'éruptions. Au contraire, le plus grand nombre, pour ne pas dire toutes, des localités volcaniques, se trouvent dans des îles, ou sur des lignes de côtes plus ou moins éloignées, mais conservant un frappant parallélisme avec les grandes chaînes de montagnes ou l'alignement des plateaux élevés du continent voisin. De telles circonstances semblent confirmer l'hypothèse généralement admise que les volcans agissent comme des *soupapes de sûreté* qui dégagent l'excédant local du calorique souterrain, cause première de la dilatation, qui, dans les lieux où ce dégagement ne peut s'opérer, bouleverse, disloque et soulève les roches superficielles qui le compriment sur une étendue bien plus considérable. J'ai essayé en 1825, en faisant cette remarque, d'en donner une idée par un croquis des chaînes volcaniques et plutoniques (2). Cette observation a obtenu la sanction de plusieurs géologues, même de M. de Humboldt et de M. de Buch. Mais j'ajouterai que cette théorie fournit encore un argument contre le système du soulèvement des montagnes ignivomes, et en faveur de l'opinion opposée que je partage avec M. Darwin (3). Savoir : qu'il y a « antagonisme local » plutôt que coïncidence, entre le soulèvement direct et l'action volcanique, et que « les dislocations sur « une grande échelle sont rares dans les localités volcaniques. »

(1) Telle est, sans aucun doute, la cause de la position des coquillages marins qui se trouvent à Ténériffe à des hauteurs insignifiantes au-dessus de la mer, que M. Piazzi Smyth nous donne comme une preuve du soulèvement de la montagne entière. (Voir la notice de sir Ch. Lyell, dans le *Mag. phil.*, juillet 1859.)

(2) *Consid. sur les volcans*, 1826.

(3) *Iles volcaniques*, p. 78.

Ou, comme le dit M. Constant Prévost : « les produits volca-« niques n'ont que localement, et rarement même dérangé le « sol à travers lequel ils se sont fait jour (1). »

XXXIV. Par toutes ces raisons il me semble démontré que les théories des cratères de soulèvement de MM. de Beaumont et de Buch, l'Erhebungskrater de M. de Buch « le gonflement « en forme de vessie de couches volcaniques horizontales » de M. de Humboldt, telles qu'ils les appliquent à la formation des volcans, sont des hypothèses inutiles et insoutenables, et que, en jetant de l'incertitude et même de l'erreur dans les idées que les géologues ont généralement admises jusqu'ici concernant les lois de l'action volcanique, elles créent un sérieux empêchement au progrès de la saine géologie.

Car il ne faut pas s'imaginer que ce n'est là qu'une question secondaire intéressant l'étude des volcans seulement, et que l'on peut la laisser dormir pendant que les autres branches de la géologie se développent avec certitude et sécurité. C'est une question qui affecte d'une manière capitale la théorie entière de la dynamique géologique. S'il nous faut croire que des masses aussi considérables que l'Etna, Ténériffe, le Chimborazo ou l'Elburz, et d'autres grands volcans des deux hémisphères, ont été chacune, élevées subitement (d'un seul coup, comme dit M. de Beaumont en parlant de l'Etna) par l'expansion d'une seule grande bulle de vapeur élastique, et que ce ne sont par conséquent que des croûtes voûtées recouvrant une vaste ampoule, une telle croyance doit singulièrement influencer les idées des savants sur la mécanique qui a élevé les grandes chaînes de montagnes, autres que les volcans, et sur le temps qu'a duré cette élévation. L'hypothèse du soulèvement *subit et simultané* des grandes chaînes du vieux monde et du nouveau, du fond d'océans tertiaires ou secondaires, jusqu'aux élévations énormes qu'elles atteignent maintenant, semblerait, dans ce cas, tout à

(1) *Mém. de la Soc. géol. de France*, vol. II.

fait dans l'ordre de la nature, puisqu'une telle probabilité s'appuierait sur l'analogie tirée des volcans. On verra aussi combien la supposition qu'au-dessous de ces terrains ainsi subitement élevés il existe des vides correspondants, affecterait la théorie des affaissements superficiels.

D'un autre côté, si nous en arrivons, comme je crois que cela est inévitable, à cette conclusion que les montagnes volcaniques n'ont été que lentement formées par l'accumulation graduelle, couche par couche, des produits d'éruptions successives et intermittentes, jaillissant des mêmes orifices, ou d'orifices rapprochés les uns des autres, et n'ont été affectées que fort peu, si même elles l'ont été, par le soulèvement direct, si nous en venons là, il y aura de puissantes raisons d'analogie de croire que l'élévation des grandes chaînes non volcaniques et les changements de niveau dans les autres roches qui montrent des signes de déplacement, ont eu lieu aussi graduellement. Cette élévation peut avoir eu lieu, il est vrai, par soubresauts ou par secousses plus ou moins violentes, comme nous le voyons lors de tremblements de terre, et quelquefois par l'effet de paroxysmes, comme on en voit dans les éruptions volcaniques, mais toujours progressivement et par intervalles, et non pas par une seule de ces gigantesques expansions qui sont en faveur avec M. de Beaumont et les géologues partisans du soulèvement. L'une et l'autre hypothèse (celle de la formation des montagnes volcaniques et non volcaniques en entier et d'un seul coup), se complètent et se soutiennent réciproquement, aussi l'une doit tomber avec l'autre.

Dans tous les cas, il est certain que la conception fondamentale de la chronologie de nos périodes géologiques ne peut qu'être profondément modifiée par ces considérations. Nos idées sur les lois de l'action plutonique sur l'écorce terrestre et au-dessous subiront l'influence de nos idées sur l'action volcanique, car il y a peu de géologues qui ne les considèrent comme des modifications de la même force souterraine, mais dans des conditions différentes d'action. Quiconque s'occupe donc de l'histoire de notre planète a intérêt à ce qu'une telle question soit minutieusement examinée, et, autant que possible, résolue d'une manière décisive.

Si, dans mes efforts pour atteindre cette solution, j'ai semblé traiter avec peu de réserve l'autorité de savants d'éminente réputation, j'ose croire que les faits et les arguments que je leur ai opposés, et l'importance qu'il y a pour notre science de finalement résoudre cette question, sauront me faire excuser d'une manière suffisante.

APPENDICE.

Sur le rôle qu'a joué l'eau dans les éruptions volcaniques et dans la formation du grain composant la contexture intérieure des laves et des autres roches cristallines.

Je n'ai pas l'intention de discuter ici la cause primaire de l'activité volcanique. Cependant on peut affirmer, sans crainte d'être contredit, que les phénomènes de l'éruption procèdent directement d'une augmentation de chaleur dans une masse souterraine de lave (roche en état de liquéfaction plus ou moins imparfaite à une température fort élevée). Sous l'influence de cette chaleur, des fluides élastiques aériformes, principalement la vapeur d'eau, se développent dans cette masse, en agrandissent le volume, et par conséquent brisent et élèvent plus ou moins les couches solides qui lui sont superposées.

A travers une de ces fentes ainsi formées, sur le point le moins résistant, les fluides élastiques se font jour avec violence et sont généralement accompagnés de quelque partie de cette lave bouillante.

Par suite de cette décharge à l'extérieur de l'excédant de calorique, la force d'expansion intérieure se trouve bientôt tellement réduite qu'elle cesse de vaincre les forces répressives qui consistent dans le poids et la cohésion des roches superposées augmentées encore par l'addition des produits mêmes de l'éruption. Le paroxysme cesse, une période de tranquillité lui succède pour être interrompue plus tard par la répétition des mêmes phénomènes et de nouvelles éruptions du même orifice, ou de quelqu'autre fort rapproché, et fort probablement sur le prolongement de la même fissure dans l'écorce des roches solides.

Ainsi, règle générale, chaque éruption volcanique a son commencement, son maximum d'intensité, son déclin et sa fin. Les exceptions ne se voient que rarement, comme dans les cas du volcan de Stromboli qui semble être dans un état permanent d'éruption modérée, par suite de quelque concours fortuit de circonstances maintenant un équilibre à peu près constant entre les forces d'expansion et celles de répression.

Les explosions, ou plutôt les éructations de vapeur, sont peut-être les phénomènes les plus frappants d'une éruption. On ne peut douter que ces explosions ne soient dues, comme je l'ai déjà dit plus haut, à l'ascension rapide d'immenses bulles de vapeur qui se dégagent à une certaine profondeur de la masse souterraine de lave, à la manière des bulles de vapeur qui s'élèvent du fond d'une chaudière bouillant sur nos fourneaux. Ces bulles, s'élevant avec une énergie proportionnée au poids de la colonne superposée de lave et au degré de liquidité d'où dépend leur plus ou moins de mobilité, éclatent en rejetant par l'ouverture qu'elles se sont créée des fragments de lave que l'on appelle scories ou bombes volcaniques, mêlées aux débris des roches solides à travers lesquelles a été foré l'orifice de décharge. C'est donc par l'effet de ces explosions que les trous plus ou moins circulaires que l'on nomme cratères sont percés à travers les roches superficielles. C'est aussi par les mêmes moyens que sont rejetées les scories et autres matières fragmentaires qui s'entassent autour de la bouche d'éruption en s'accumulant en forme de cône.

La forme circulaire caractéristique des cratères est évidemment due à la tendance qu'ont les bulles ascendantes à affecter la forme globulaire ou plutôt cylindrique par suite de l'élasticité de la vapeur qu'elles renferment et de son égale pression en tous sens. Mais le volume de ces bulles, leur rapidité ascensionnelle, et par suite leur force explosive, sera déterminée, toutes choses égales d'ailleurs, par le degré de liquidité de la lave selon qu'il permettra le dégagement plus ou moins libre à travers sa masse des globules de vapeur qui y ont pris naissance. Ces globules paraissent d'abord sous forme de petites vésicules, puis, par l'agglomération, s'élèvent en bulles de plus en plus grandes jusqu'à ce qu'elles atteignent ces proportions qui produisent en éclatant ces explosions épouvantables et continues qui caractérisent certaines éruptions. Ces explosions déterminent quelquefois un jet de déjections de quelques lieues de hauteur, durant des semaines entières, ainsi qu'un cratère d'une largeur et d'une profondeur proportionnées, creusé, perforé à travers les roches préexistantes. Puis, comme je l'ai déjà dit, ces explosions perdent de leur violence en raison de l'abaissement de la température de la lave souterraine dont le calorique est rapidement absorbé par l'air extérieur à la suite des décharges de vapeur. La lave elle-même voit s'abaisser son niveau par suite de son écoulement à l'air libre, et les déjections fragmentaires qui retombent dans le cratère pour être revomies encore, contribuent, par leur accumulation, à étouffer les explosions et à remplir l'orifice de décharge. Ce qui explique que souvent cet orifice étant complétement comblé et oblitéré par les dernières éruptions, le cratère manque absolument, à certains cônes de scories. Dans les centaines de cônes d'éruption que l'on peut observer sur la chaîne volcanique de la France centrale, il y en a plus de la moitié qui sont dépourvus de cratères. Il en est de même pour certaines grandes montagnes volcaniques qui sont le produit de plusieurs éruptions jaillissant d'un même orifice; leurs vastes cratères tendent à se remplir et à s'oblitérer par l'accumulation des produits rejetés par les éruption qui ont suivi leur formation. C'est ce qui donne naissance aux cônes et et aux cratères que l'on remarque souvent dans l'enceinte de quelque colossal amphithéâtre qui n'est lui-même que le débris *basal* du volcan primitif éventré. Les gigantesques amas de conglomérats basaltiques ou de tufs feldspathiques qui recouvrent les bas-côtés ou les alentours des montagnes volcaniques ont été sans doute charriés d'un niveau plus élevé par les pluies torrentielles ou l'écoulement soudain de lacs qui se sont formés dans les cratères mêmes, ou par la fonte des neiges, toutes choses qui accompagnent généralement les éruptions.

J'ai dit que pour la formation des grandes bulles de vapeur

d'eau, qui, selon moi, contribuent à percer le cratère, il faudrait nécessairement que la lave possédât un certain degré de liquidité qui permit leur aggrégation et leur ascension plus ou moins libre à travers sa masse. On pense avec raison que plusieurs laves, au moment de leur écoulement, manquent totalement de cette qualité, au point que les molécules de vapeur, au lieu de s'agglomérer en bulles, ou même en vésicules, étant comprimées partout où elles tendent à se dégager, causent son gonflement général et son écoulement en forme de pâte spongieuse, souvent sans explosion. J'ai déjà émis l'opinion que les trachytes poreux du Puy-de-Dôme et du Mont-Dore se sont produits sous cette forme et, par leur absence de fluidité, se sont accumulés au point même de leur décharge, au lieu de s'étendre en nappe ou de suivre la pente des vallons voisins, comme font les laves plus liquides. Généralement ce sont les laves basaltiques, c'est-à-dire augitiques et ferrugineuses qui ont possédé le plus grand degré de fluidité, leur superficie étant criblée de bulles et de vessies dont quelques-unes, comme dans les laves d'Islande, sont d'une énorme dimension, pendant que leurs parties inférieures sont compactes et serrées. Les laves feldspathiques au contraire, comme la dômite, la lave de Volvic, de Niedermennig, près de Laach, du Drachenfels, etc., sont généralement très-poreuses et d'une contexture homogène dans toute leur épaisseur. Pourtant quelques-unes des laves felspathiques ont jailli de leur source dans un état parfait de liquidité. Je veux parler des obsidiennes et des ponces des îles Lipari et de Bourbon. Ce n'est que dans ces matières vitreuses que je puis reconnaître l'expulsion de la lave à l'état de fusion complète. Il y a déjà plus de trente ans que j'ai émis l'opinion que les laves ordinaires grenues se sont écoulées des volcans dans un état de liquidité imparfaite, les cristaux qui les composent étant pour la plupart déjà formés, mais nageant dans un mélange de vapeur d'eau et quelquefois de quartz hyalin, et se solidifiant rapidement à l'air libre par le dégagement de cette vapeur.

Qu'il me soit donc permis de me réjouir ici de voir ces idées, énoncées à une époque si ancienne, qu'elles ne rencontrèrent alors qu'incrédulité et même que sarcasme, confirmées depuis, d'abord par les expériences de M. Boutigny, qui a démontré que l'eau, aux températures les plus élevées, dans certaines conditions, peut ne pas se résoudre en vapeur, et plus tard par celles de M. Scheerer de Christiania, qui a prouvé que les minéraux cristallins du granit et des roches plutoniques contiennent une quantité d'eau très-sensible. Cette proportion pourrait s'élever jusqu'à un dixième, et dans certaines conditions de température et de pression, cette eau serait vaporisée en partie et causerait la séparation des plaques solides cristallines, ce qui gonflerait la masse en la « réduisant un à état de liquéfaction imparfaite, comme celle de « la bouillie ou de la pâte ; un état de fusion peut-être, mais « non pas de simple fusion ignée. »

Ces idées, qui ont été adoptées par M. Léopold de Buch (Bulletin de la Société géologique de France, vol. IV, série 2me, p. 479-490 et 1312-1330), et depuis développées par M. Delesse, sont précisément celles que j'ai émises dans mon ouvrage sur les volcans en 1826 et 1827 (voir la préface de la Géologie de la France centrale, 1827). Il en résulte que très-peu de laves (peut-être aucune, excepté les laves vitreuses, comme l'obsidienne et la ponce), ont été vomies dans un état de véritable fusion ignée, mais que la plupart de leurs cristaux, surtout ceux de feldspath, de leucite, d'augite et de mica, étaient déjà formés, ayant une certaine mobilité, et imprimaient un degré de fluidité à la masse qu'ils composaient par suite du dégagement de vapeurs élastiques d'eau entre leurs facettes, ou d'un hydrate de silice liquide qui agissait comme véhicule de ces cristaux. J'ai cité, à l'appui de ces idées, l'apparence fendillée, cassée, très-commune dans les cristaux de lave ainsi que la disposition de leurs grands axes dans la direction de la lave au moment de son écoulement, et enfin, comme dernière preuve, j'ai rappelé ce fait très-connu dans les éruptions vésuviennes, que les fragments de lave que l'on enlève encore liquides, à la chaleur blanche, à la source d'une coulée, ont la même texture granuleuse et cristalline que celle qui s'est lentement refroidie dans l'intérieur de la coulée, au lieu d'être un verre à cassure vitreuse, comme le serait un morceau de lave réduite par une véritable fusion ignée dans nos fourneaux.

Si l'on admet, d'après ces idées, la plasticité des laves ou autres roches cristallines conservant encore la plupart de leurs cristaux déjà formés, on verra que tout mouvement interne, occasionné dans cette matière mixte par la pression ou toute autre force, contraindra nécessairement les cristaux *inéquiaxes* à se ranger dans la direction de ce mouvement, ou, ce qui revient au même, dans un plan vertical au sens de la pression. Ce mouvement, pour peu qu'il se continue, pourra les briser, les étirer en plaques minces, peut-être même les contourner ou les plier, selon l'inégalité de la pression ou l'irrégularité du mouvement.

Dans l'ouvrage que j'ai publié en 1826 (1), c'est ainsi que j'ai expliqué l'état lamellaire des trachytes et des perlites des îles Ponza, de l'île d'Ischia, de l'Ascension et de la Hongrie, ainsi que celui des phonolites. J'ai même ajouté que celui du gneiss et des schistes primordiaux pourrait bien résulter de la même cause.

Cette idée a depuis été adoptée par MM. Darwin, Sorby et plusieurs autres géologues, surtout relativement au clivage des schistes. J'ose ici appeler une plus grande attention sur ces vues, que j'ai déjà plus amplement développées dans deux mémoires lus devant la Société géologique de Londres (2), puisqu'elles permettront d'expliquer le mode de formation des roches métamorphiques dont la structure lamellaire est plus ou moins contournée et pliée, ce qui atteste l'effet du mouvement

(1) Consid. sur les Volcans, p. 103 et 202; Mémoire sur les îles Donza, *Transactions géologiques*, Londres, 1827.

(2). Voir *Proceedings of the Geol. Soc.* d'avril 1856, p. 344, et le *Geologist*, de septembre 1858, p. 361.

sous de hautes pressions, et par suite nécessairement, une énorme friction subie par les particules cristallines qui composent ces roches. Que ces couches schistoïdes soient le produit de terrain stratifiés *métamorphosés* par la chaleur, c'est ce que je ne voudrais pas nier. Je me contente d'affirmer que cette structure schistoïde n'est point due à leur dépôt originaire, mais bien à la friction, ou mouvement interne, subie par les éléments d'une matière cristalline, mais plastique, à raison de l'eau qu'elle contenait disséminée dans toutes ses parties, et sur laquelle agissaient d'énormes pressions, probablement à l'époque de la protrusion des axes contigus granitoïdes.

On me pardonnera, j'espère, de réclamer la priorité d'idées émises il y a si longtemps, et que la science va bientôt confirmer.

(Pour plus amples développements, consulter mon Mémoire sur ce sujet, dans le journal de la Société Géologique de Londres, vol. XII, p. 326-350, dont une traduction est en cours de préparation).

TABLE DES MATIÈRES.

6

FIN DE LA TABLE DES MATIÈRES.

Paris. — Imprimerie de Mallet-Bachelier, rue du Jardinet, 12.

www.ingramcontent.com/pod-product-compliance
Ingram Content Group UK Ltd.
Pitfield, Milton Keynes, MK11 3LW, UK
UKHW020409190726
13838UKWH00006B/1039

9 782329 289335